U0795325

煤炭行业特有工种职业技能鉴定培训教材

采 煤 工

（初级、中级、高级）

·第 3 版·

煤炭工业职业技能鉴定指导中心 组织编写

应急管理出版社

·北 京·

内 容 提 要

本书以采煤工职业标准为依据，分别介绍了初级、中级、高级采煤工职业技能考核鉴定的知识和技能方面的要求。内容包括职业道德、基础知识、生产装备、生产操作等知识。

本书是初级、中级、高级采煤工职业技能考核鉴定前的培训和自学教材，也可作为各级各类技术学校相关专业师生的参考用书。

本 书 编 审 人 员

主　编　王继国

副主编　张征锋

编　写　王继国　张征锋　张新生　邱福新　张　峰
王数宾　卢　丹　闫才华　王　娟　王勤军
赵玉香　杨连云

主　审　郑发科

审　稿（按姓氏笔画为序）
李　奎　郝成翥　贾忠海　穆俊玲

修　订　王继国　王数宾　王鹏程

前言
PREFACE

为了进一步提高煤炭行业职工队伍素质，加快煤炭行业高技能人才队伍建设步伐，实现煤炭行业职业技能鉴定工作的标准化、规范化，促进其健康发展，根据国家的有关规定和要求，从2004年开始，煤炭工业职业技能鉴定指导中心陆续组织有关专家、工程技术人员和职业培训教学管理人员编写了《煤炭行业特有工种职业技能鉴定培训教材》，作为国家职业技能鉴定考试的推荐用书。

本套教材以相应工种的职业标准为依据，内容上力求体现“以职业活动为导向，以职业技能为核心”的指导思想，突出职业技能培训特色。在结构上，针对各工种职业活动领域，按照模块化的方式，分初级工、中级工、高级工、技师、高级技师5个等级进行编写。每个工种的培训教材分为两册出版，其中初级工、中级工、高级工为一册，技师、高级技师为一册。

本套教材自2005年陆续出版以来，一直备受煤炭企业的欢迎，现已有近50个工种的初级工、中级工、高级工教材和近30个工种的技师、高级技师教材，涵盖了煤炭行业的主体工种，较好地满足了煤炭行业高技能人才队伍建设和职业技能鉴定工作的需要。

当前，煤炭科技迅猛发展，新法律法规、新标准、新规程、新技术、新工艺、新设备、新材料不断涌现，特别是我国煤矿安全的主体部门规章——《煤矿安全规程》已于2022年全面修订并颁布实施，原教材有些内容已显陈旧，不能满足当前职业技能水平评价工作的需要，因此我们决定再次对教材进行修订。

本次修订出版的第3版教材继承前两版教材的框架结构，对已不适应当前要求的技术方法、装备设备、法律法规、标准规范等内容进行了修改完善。

编写技能鉴定培训教材是一项探索性工作，有相当的难度，加之时间仓促，不足之处在所难免，恳请各使用单位和个人提出宝贵意见和建议。意见建议反馈电话：010－84657932。

煤炭工业职业技能鉴定指导中心

2023年12月

前　言
PREFACE

目　次 CONTENTS

第一部分　采煤工基础知识

第二部分　采煤工初级技能

第三部分　采煤工中级技能

第四部分　采煤工高级技能

第一部分
采煤工基础知识

第一章

职 业 道 德

第一节 职业道德的基本知识

一、道德

道德是一种普遍的社会现象。没有一定的道德规范，人类社会既不能生存，也无法发展。什么是道德、道德具有什么特点、什么是职业道德、职业道德具有什么特点和社会作用等，在我们学习职业（岗位、工种）基本知识和操作技能之前，应当对这些问题有个基本了解。

1. 道德的含义

在日常生活和工作实践中，我们经常会用到“道德”这个词。我们或用它来评价社会上的人和事，或用它来反省自己的言谈举止。

道德是一个历史范畴，随着人类社会的产生而产生，同时也随着人类社会的发展而发展。道德又是一个阶级范畴，不同阶级的人对它的理解也不同，甚至互相对立。在我国古代，“道”和“德”原本是两个概念。“道”的原意是道路，“德”的原意是正道而行，后来把这两个词合起来用，引申为调整人们之间关系和行为的准则。在西方，一些思想家也对道德作过多种多样的解释，但只有用马克思主义观点来认识道德的含义和本质才是唯一的正确途径。

马克思主义认为，道德是人类社会特有的现象。在人类社会的长期发展过程中，为了维护社会生活的正常秩序，就需要调节人们之间的关系，要求人们对自己的行为进行约束，于是就形成了一些行为规范和准则。一般来说，所谓道德，就是调整人和人之间关系的一种特殊的行为规范的总和。它依靠内心信念、传统习惯和社会舆论的力量，以善和恶、正义和非正义、公正和偏私、诚实和虚伪、权利和义务等道德观念来评价每个人的行为，从而调整人们之间的关系。

2. 道德的基本特征

（1）道德具有特殊的规范性。道德在表现形式上是一种规范体系。虽然在人类社会生活中，以行为规范方式存在的社会意识形态还有法律、政治等，但道德具有不同于这些行为规范的显著特征：①它具有利他性。它同法律、政治一样，也是社会用来调整个人同他人、个人同社会的利害关系的手段。但它同法律、政治的不同之处在于，在调整这些关系时，追求的不是个人利益，而是他人利益、社会利益，即追求利他。②道德这种行为规范是依靠人们的内心信念来维系的。当然，道德也需要靠社会舆论、传统习俗来维系，这些也是具有外在性、强制性的力量。但如果社会舆论和传统习俗与个人的内心信念不一致，就起不到约束作用。因此，道德具有自觉性的特点。③道德的这种规范作用表现为对人们的行为进行劝阻与示范的统一。道德依据一定的善恶标准来对人们的行为进行评价，对恶行给予谴责、抑制，对善行给予表扬、示范，这同法律规范以明确的命令或禁止的方式来发生作用是不同的。

（2）道德具有广泛的渗透性。道德广泛地渗透到社会生活的各个领域和一切发展阶段。横向地看，道德渗透于社会生活的各个领域，无论是经济领域还是政治领域，也无论是个人生活、集体生活还是整个社会生活，时时处处都有各种社会关系，都需要道德来调节。纵向地看，道德又是最久远地贯穿于人类社会发展的一切阶段，可以说，道德与人类始终共存亡；只要有人，有人生活，就一定会有道德存在并起着作用。

（3）道德具有较强的稳定性。道德在反映社会经济关系时，常以各种规范、戒律、格言、理想等形式去约束和引导人们的行为与心理。而这些格言、戒律等又以人们喜闻乐见的形式出现，它们很容易被因袭下来，与社会风尚习俗、民族传统结合起来，而内化为人们心理结构的特殊情感。心理结构是相当稳定的东西，一经形成就不易改变。因此，当某种道德赖以存在的社会经济关系变更以后，这种道德不会马上消失，它还会作为一种旧意识被保留下来，影响（促进或阻碍）社会的发展。如在我们国家，社会主义制度已经建立起来了，但封建主义、资本主义的道德残余依然存在，就是这个原因。

（4）道德具有显著的实践性。所谓实践性，是指道德必须实现向行为的实际转化，从意识形态进入人们的心理结构与现实活动。我们判断一个人的道德面貌，不能根据他能背诵多少道德的戒律和格言，也不能根据他自诩怀抱多么纯正高尚的道德动机，而只能根据他的实际行为。道德如果不能指导人们的道德实践活动，不能表现为人们的具体行为，其自身也就失去了存在的意义。

二、职业道德

1. 职业道德的含义

在人类社会生活中，除了公共生活、家庭生活，还有丰富多彩的职业生活。与此相适应，用以指导和调节人与社会之间关系的道德体系，也可以划分为三个部分，即社会道德、婚姻家庭道德和职业道德。职业道德是道德体系的重要组成部分，有其特殊的重要地位。

在人类社会生活中，几乎所有成年的社会成员都要从事一定的职业。职业是人们在社会生活中对社会承担的一定职责和从事的专门业务。职业作为一种社会现象并非从来就有，而是社会分工及其发展的结果。每个人一旦步入职业生活，加入一定的职业团体，就必然会在职业活动的基础上形成人们之间的职业关系。在论述人类的道德关系时，恩格斯曾经指出："每一个阶级，甚至每一个行业，都各有各的道德。"这里说的每一个行业的道德，就是职业道德。

所谓职业道德，就是从事一定职业的人们，在履行本职工作职责的过程中，应当遵循的具有自身职业特征的道德准则和规范。它是职业范围内的特殊道德要求，是一般社会道德和阶级道德在职业生活中的具体体现。每一个行业都有自己的职业道德。职业道德，一方面，体现了一般社会道德对职业活动的基本要求，另一方面，又带有鲜明的行业特色。例如，热爱本职、忠于职守、为人民服务、对人民负责，是各行各业职业道德的基本规范。但是每一种具体的职业，又都有独特的不同于其他职业道德的内涵，如党政机关、新闻出版单位、公检法部门、科研机构等都有自己的职业道德。

2. 职业道德的特征

各种职业道德反映着由于职业不同而形成的不同的职业心理、职业习惯、职业传统和职业理想，反映着由于职业的不同所带来的道德意识和道德行为上的一定差别。职业道德作为一种特殊的行为调节方式，有其固有的特征。概括起来主要有以下四个方面：

（1）内容的鲜明性。无论是何种职业道德，在内容方面，总是要鲜明地表达职业义务和职业责任，以及职业行为上的道德特点。从职业道德的历史发展可以看出，职业道德不是一般地反映阶级道德或社会道德的要求，而是着重反映本职业的特殊利益和要求。因而，它往往表现为某职业特有的道德传统和道德习惯。俗话说“隔行如隔山”，它说明职业之间有着很大的差别，人们往往可以从一个人的言谈举止上大致判断出他的职业。不同的职业都有其自身的特点，有各自的业务内容、具体利益和应当履行的义务，这使各种职业道德具有鲜明的职业特色。如，执法部门道德主要是秉公执法，而商业道德则是买卖公平，等等。

（2）表达形式的灵活性和多样性。这主要是指职业道德在行为准则的表达形式方面，比较具体、灵活、多样。各种职业集体对从业人员的道德要求，总是要适应本职业的具体条件和人们的接受能力，因而，它往往不仅仅只是原则性的规定，而是很具体的。在表达上，它往往用体现各职业特征的“行话”，以言简意明的形式（如章程、守则、公约、须知、誓词、保证、条例等）表达职业道德的要求。这样做，有利于从业人员遵守和践行，有助于从业人员养成本职业所要求的道德习惯。

（3）调节范围的确定性。职业道德在调节范围上，主要用来约束从事本职业的人员。一般来说，职业道德主要是调整两个方面的关系：一是从事同一职业人们的内部关系，二是同所接触的对象之间的关系。例如，一个医生，不但要热爱本职工作，尊重同行业人员，而且要发扬救死扶伤的精神，尽自己最大努力为患者解除痛苦。由此可见，职业道德主要是用来约束从事本职业的人员的，对于不属于本职业的人，或职业人员在该职业之外的行为活动，它往往起不到约束作用。

（4）规范的稳定性和连续性。无论何种职业，都是在历史上逐渐形成的，都有漫长的发展过程。农业、手工业、商业、教育等古老的职业，都有几千年的历史。而伴随现代工业产生的系列新型职业也有几十年或几百年的历史。虽然每种职业在不同的历史时期有不同的特点，但是，无论在哪个时代，每种职业所要调整的基本道德关系都是大致相同的。如医生在历朝历代主要是协调医患关系。正因为如此，基于调整道德关系而产生的职业道德规范，就具有历史的连续性和较大的稳定性。例如，从古希腊奴隶制社会的著名医生希波克拉底，到我国封建时代的唐代名医孙思邈，再到现代世界医协大会所制定的《日内瓦宣言》，都主张医生要救死扶伤，对患者一视同仁。医生职业道德规范的基本内容鲜明地体现着历史的连续性和稳定性。

3. 职业道德的社会作用

职业道德是调整职业内部、职业与职业、职业与社会之间的各种关系的行为准则。因此，职业道德的社会作用主要是：

（1）调整职业工作与服务对象的关系，实际上也就是职业与社会的关系。这要求从业人员从本职业的性质和特点出发，为社会服务，并在这种服务中求得自身与本职业的生存和发展。教师道德涉及教师和学生的关系，医生道德涉及医生和患者的关系，司法道德涉及司法人员与当事人的关系。哪种职业为社会服务得好，哪种职业就会受到社会的赞许，否则就会受到社会舆论的谴责。

（2）调整职业内部关系。包括调整领导者与被领导者之间、职业各部门之间、同事之间的关系。这诸种关系之间都要保持和谐共进、相互信任、相互支持、相互合作，避免互相拆台、互相掣肘，从而实现社会关系的协调统一。

（3）调整职业之间的关系。通过职业道德的调整，使各行业之间的行为协调统一。社会主义社会各种职业的目的都是为实现全社会的共同利益服务的。各行业之间的分工合作、协调一致，是社会主义职业道德的基本要求。除此之外，职业道德在促进职业成员成长的过程中也有重要作用。一个人有了职业，就意味着这个人已经踏入社会。在职业活动中，他势必要面对和处理个人与他人、个人与社会的关系问题，并接受职业道德的熏陶。由于职业道德与从业人员的切身利益息息相关，人们往往通过职业道德接受或深化一般社会道德，并形成一个人的道德素养。注重职业道德的建设和提高，不仅可以造就大批有强烈道德感、责任心的职业工作者，而且可以大大促进社会道德风尚的发展。

第二节 职 业 守 则

通常职业道德要求通过在职业活动中的职业守则来体现。广大煤矿职工的职业守则有以下几个方面：

1. 遵纪守法

煤炭生产有它的特殊性，从业人员除了遵守《煤炭法》《安全生产法》《煤矿安全生产条例》《煤矿安全规程》外，还要遵守煤炭行业制定的专门规章制度。只有遵法守纪，才能确保安全生产。作为一名合格的煤矿职工，应该遵守煤矿的各项规章制度，遵守煤矿劳动纪律，尤其是岗位责任制和操作规程、作业规程，处理好安全与生产的关系。

2. 爱岗敬业

热爱本职工作是一种职业情感。煤炭是我国当前的主要能源，在国民经济中占举足轻重的地位。作为一名煤矿职工，应该感到责任重大、使命光荣；应该树立热爱矿山、热爱本职工作的思想，认真工作，培养职业兴趣；干一行、爱一行、专一行，既爱岗又敬业，创造性地干好本职工作，为我国的煤矿安全生产多作贡献。

3. 安全生产

煤矿生产是人与自然的斗争，工作环境特殊，作业条件艰苦，情况复杂多变，危险有害因素多，稍有疏忽或违章，就可能导致事故发生，轻者影响生产，重则造成矿毁人亡。安全是煤矿工作的重中之重。没有安全，生产就无从谈起。作为一名煤矿职工，一定要按章作业，抵制“三违”，做到安全生产。

4. 钻研技能

职业技能，也可称为职业能力，是人们进行职业活动、完成职业责任的能力和手段。它包括实际操作能力、业务处理能力、技术能力以及相关理论知识水平等。

经过新中国成立以来几十年的发展，我国的煤炭生产也由原来的手工作业转变为综合机械化作业，正在向智能化开采迈进，大量高科技产品、科研成果被广泛应用于煤炭生产、安全监控之中，建成了许多世界一流的现代化矿井。所有这些都要求煤矿职工在工作和学习中刻苦钻研职业技能，提高技术能力，掌握扎实的科学知识，只有这样才能胜任自己的工作。

5. 团结协作

任何一个组织的发展都离不开团结协作。团结协作、互助友爱是处理组织内部人与人之间、组织与组织之间关系的道德规范，也是增强团队凝聚力、提高生产效率的重要法宝。

6. 文明作业

爱护材料、设备、工具、仪表，保持工作环境整洁有序；着装整齐，符合井下作业要求；行为举止大方得体。

第二章 基础知识

第一节　煤矿生产基本知识

一、矿井地质知识

煤矿从业人员长期与岩石打交道，认识岩石的岩性，了解煤的成因、煤层赋存特征、地质构造，对于采矿工作极为重要。

（一）地壳

地球由外至内分为地壳、地幔和地核 3 部分。地壳是地球外部的一层固体外壳，平均厚约 30 km，采矿主要集中在这部分。

地壳由岩石组成，岩石由矿物组成，矿物由元素构成。构成地壳的元素很多，主要有氧（O）、硅（Si）、铝（Al）、铁（Fe）、钙（Ca）、钾（K）、钠（Na）、镁（Mg）和氢（H）等。

矿物是由一种元素或多种元素按不同比例化合而成，具有稳定的化学成分和物理性质。自然界里的矿物很多，约有 2000 多种。如金（Au）、银（Ag）、碳（C）等由一种元素组成；石英（SiO_2）、黄铁矿（FeS_2）、磁铁矿（Fe_3O_4）等由两种元素组成；长石由钾、铝、硅、氧等多种元素化合而成。

岩石是矿物的集合体。组成地壳的岩石按照成因分为岩浆岩、沉积岩、变质岩。

1. 岩浆岩

岩浆岩又称火成岩，它是由岩浆冷凝而成的岩石。地球内部的熔融岩浆沿地壳薄弱带侵入地壳或喷出地表，冷却凝固后形成岩浆岩。

常见的岩浆岩有花岗岩、流纹岩、玄武岩等。

岩浆岩根据岩石矿物成分中 SiO_2 含量的多少分为酸性、中性、基性和超基性 4 类。

2. 沉积岩

沉积岩是由沉积物经过压紧、胶结等作用形成的岩石。

暴露于地表的各种岩石经过风吹、日晒、雨淋、冰冻及生物化学作用，逐渐破坏成碎块或粉末，经流水、风、冰川搬运到湖泊、海洋、沼泽及地表其他低洼带沉积下来，伴随地壳的缓慢下降，天长日久，搬运来的沉积物质也越来越多，越堆积越厚，越压越结实，最后其中的水被挤出，通过压紧和胶结作用变成坚固的沉积岩。

常见的沉积岩有砾岩、砂岩、页岩、石灰岩及煤等。

沉积岩的主要特征表现为层理和化石。

1）层理

沉积岩在其沉积过程中，由于先后沉积的物质成分、粒度、颜色、形状等方面的差异，显示出明显的成层现象，称为层状构造。岩石之间的界面称为层面。岩层上、下层面之间的垂直距离为层厚。岩层两个层面之间更细微的成层现象称为层理。

沉积物在比较平静的环境（如海洋、湖泊）下沉积时，形成的层理是接近水平的，叫水平层理。但在水流速度经常改变的环境下沉积时，可以形成与岩层层面斜交的层理。

2）化石

在沉积岩中还含有古代动、植物化石。它是古代动植物在沉积岩中留下的遗体或痕迹。各种生物（动、植物）遗体被埋在地下，经过石化或岩化作用而变成“石头”，但仍保留着原来的形状或痕迹，这就是化石。如煤层顶底板岩层中含有根和叶的植物化石。

化石是确定沉积岩形成时代的重要标志，也是沉积岩与其他类岩石区别的重要标志。

此外，在沉积岩中还可见到球形或不规则形的与该岩层有明显差异的块体，称为结核。在煤层中，往往能见到黄铁矿质的硫黄蛋等结核。

3. 变质岩

原来已经形成的岩浆岩、沉积岩，受到地壳运动、岩浆活动的影响，在高温、高压、物理化学的作用下，改变了原来的成分和性质，变成新的岩石。这类岩石，就是变质岩。常见的变质岩如由石英砂岩变成的石英岩，由石灰岩变成的大理岩等。

（二）煤层和煤系

1. 煤的形成

大量研究证明，煤是由古代植物遗体演变形成的。由植物遗体到最后变成煤的过程，可分为两个主要阶段。

第一阶段，是泥炭化阶段（由植物到泥炭）。植物遗体在沼泽中堆积保存下来后，在缺氧的水面下腐烂分解。分解后的一些气体（硫化氢、二氧化碳、瓦斯）和水逐渐挥发出去，剩下的物质就变成了泥炭。泥炭的质地疏松，呈褐色，可作燃料，但烟大灰多。

第二阶段，是煤化阶段（由泥炭到煤）。随着地壳下沉，泥炭不断堆积，逐渐形成泥炭层；泥炭层被沉积物掩盖，经过高温和高压的作用，逐渐失去水分，变质成褐煤。随着地壳的运动及覆盖物的加厚，褐煤在地下深处，受到高温高压的作用而变质，便形成烟煤。变质程度继续增加就形成无烟煤，甚至形成另一种矿物——石墨。

在上述成煤过程中，从泥炭到无烟煤，其含碳量有规律地增加（即炭化程度不断增高），挥发分以及氢、氧的含量逐渐减少。

2. 煤的形成条件

成煤的必要条件有以下 4 个。

1）繁茂的植物条件

植物是成煤的原始物质，所以植物的大量繁殖是成煤的基本条件。

在地壳发展历史中，植物生长最茂盛的时期是石炭二叠纪、三叠纪和侏罗纪、第三纪等。我国的主要聚煤期也集中在这3个时期，即是石炭二叠纪聚煤期、三叠纪和侏罗纪聚煤期、第三纪聚煤期。

2）温湿的古气候条件

气候是植物生长极重要的因素，它直接关系着植物生长和繁殖的速度。温暖而湿润的气候利于植物的生长和繁殖。相反寒冷而干燥的气候则不利于植物的生长和繁殖。湿度大有利于植物生长，保证植物生长中的水分供应。同时湿度适宜，也有利于沼泽化广泛形成。而沼泽化地区，则是植物生长、泥炭作用和成煤的良好条件。

3）积水沼泽的古地理条件

仅有植物条件和气候条件还不够。因为温湿气候虽有助于植物生长，植物遗体虽然堆积很多，但它不一定能保存下来。所以只有既适应植物大量繁殖又面积广阔而且能保存泥炭的良好自然地理环境，才能为煤的形成创造优越的条件。一般地说，沼泽具有地形上的广阔性，平缓而又低洼，是有利于成煤的自然地理条件。

泥炭沼泽又分为海滨沼泽和内陆沼泽。前者是由于地壳的缓慢下降运动，使近海平原积水而变成沼泽；后者是由于内陆湖泊中沉积物不断堆积，堆积速度超过地壳下降速度，湖底淤塞而变成的沼泽。

4）缓慢沉降的地壳运动条件

地壳运动对煤的形成，特别是形成可供开采具有经济价值的煤层，有着极为重要的意义。

（1）地壳运动控制着自然地理环境。当地壳运动时，往往能引起海进与海退，形成海滨沼泽地。同时，海进海退交替变更，不断地改变着滨海地区的自然地理环境。因此，沼泽的形成、演变过程及沼泽的地理分布、面积大小都将受到地壳运动的控制。

（2）地壳沉降速度的快慢控制着植物遗体堆积的厚度。当地壳沉降的速度与植物遗体堆积的速度一致时，延续的时间越长，植物遗体堆积的厚度就越大，为形成厚煤层提供了物质条件；如果地壳沉降速度小于植物遗体堆积速度时，积水渐浅，植物遗体暴露在水面附近或水面之上，易受氧化和分解破坏，不利于植物遗体的保存，只能形成薄煤层；如果地壳沉降的速度大于植物遗体堆积速度，积水渐深，碎屑物质的沉积覆盖了植物遗体，植物遗体的堆积中断而被碎屑沉积代替，就无煤形成。因此，只有在地壳缓慢沉降条件下才有利于植物遗体的堆积和保存，进而有煤形成。

总之，在地壳发展历史中，当某个地区同时具备上述4个条件，就可能形成煤，持续的时间越长，形成的煤层越厚；当其中一个条件发生变化，成煤即停止。

3. 煤层

煤层是由于植物遗体的大量堆积并经成煤地质作用而形成的层状固体可燃矿产。在某一地质历史时期形成的一整套含有煤的沉积岩系，我们称为煤系。煤层是煤系的重要组成部分，煤层的厚度及其变化是评价煤层工业价值的主要标准，也是选择采煤方法的主要依据。

1）煤层的形状

煤层受到沉积作用及地壳运动的影响后，不仅厚薄有变化，形状也有变化。煤层的形状大致可分为层状、似层状和非层状3类。

(1) 层状煤层的层位有显著的连续性，厚度变化有一定规律。

(2) 似层状煤层，形状像藕节、串珠或瓜藤等；层位有一定的连续性，厚度变化较大。

(3) 非层状煤层，形状像鸡窝或扁豆等；层位连续性不明显，常有大范围尖灭。

2) 煤层的结构

煤层结构是指煤层中含有夹矸层。按含有夹矸层的多少，常将煤层分为以下两种：

(1) 简单结构煤层：煤层中一般没有夹矸或偶有 1 ~ 2 层稳定夹矸。

(2) 复杂结构煤层：煤层中夹矸层数较多或很多，层数、层位、厚度及岩性变化大。

3) 煤层顶板与底板

煤层的上覆岩层称为顶板，煤层的下伏岩层称为底板。煤层的顶底板岩石的性质、强度及吸水性与采掘工作面有直接关系，它们是确定顶板支护方式、选择采空区处理方法的主要依据。

(1) 顶板的类型。煤层顶板常根据岩性、厚度及采掘过程中垮落的难易程度，分为伪顶、直接顶、基本顶。

伪顶，是指直接位于煤层之上的岩层，多为几厘米至几十厘米厚的泥岩或炭质泥岩，富含植物化石，在采煤过程中一般随采随落，不易支护，易污染煤质。

直接顶，是指直接位于煤层之上或伪顶之上的岩层，常为数米厚的页岩、泥岩、砂岩及少量的石灰岩。在采煤过程中，一般在撤去支柱后能自行垮落。但某些砂岩、石灰岩还需人工放顶。

基本顶，是指位于直接顶之上或直接位于煤层之上的岩层，较稳定，岩性强度较大，一般为厚层粉砂岩、砂岩，也有石灰岩。不易冒落，采空后很长时间仅发生缓慢的弯曲变形。

(2) 底板的类型。煤层底板分为直接底和基本底。

直接底，是指直接位于煤层之下的岩层，常是数十厘米厚的含有植物根化石的泥岩或页岩、黏土岩。岩性软，遇水膨胀，易鼓起，对巷道支护不利。

基本底，是指位于直接底之下的岩层，常为厚层砂岩、粉砂岩，有时为石灰岩，岩性较硬。

煤层顶底板的发育程度受当时的沉积环境及后期构造运动的影响，不同地区的煤层顶底板发育程度不同。有的煤层顶底板发育完好，几种类型的顶底板全有，有的煤层缺少某种类型的顶底板。

4) 煤层的厚度

煤层的厚度是指煤层顶底板之间的法线或垂直距离。煤层厚度可由几十厘米到几十米，特厚的可达 100 ~ 200 m。

(三) 煤层结构及埋藏特征

煤层的形成条件不同，使煤层的结构及其赋存状态、顶底板岩性、受地质构造影响程度等方面都有明显的差异。这些煤层地质条件与煤矿开采工作息息相关，其中煤层的厚度、结构、倾角、稳定性、埋藏深度及顶底板围岩性质等，对开拓方式和采煤方式的确定以及采煤方法的选择有重要影响。

1. 煤层的分类

煤层按不同要素有不同的分类方法。

（1）按煤层厚度分类。煤层厚度差别很大，薄者仅几厘米（一般称为煤线），厚者可达 200 多米。根据开采技术条件的特点，煤层可分以下几类：

极薄煤层	0.3～0.5 m
薄煤层	0.5～1.3 m
中厚煤层	1.3～3.5 m
厚煤层	3.5～8.0 m
特厚煤层	>8.0 m

厚煤层和中厚煤层在我国煤田中占比较大。以产量论，厚煤层和中厚煤层大约各占 40%，薄煤层仅占 20%。

（2）按煤层倾角分类。按煤层倾角不同，可将煤层分为以下几类：

近水平煤层	<5°
缓倾斜煤层	5°～25°
倾斜煤层	25°～45°
急斜煤层	>45°

煤层倾角变化在 0°～90°之间，倾角越大，开采难度越大。

（3）按煤层稳定性分类。按煤层厚度、结构在井田范围内的变化情况，通常可将煤层分为稳定、较稳定、不稳定和极不稳定煤层 4 类。

2. 煤层的埋藏特征

煤层的顶底板是指煤系中位于煤层上下一定距离内的岩层，按照沉积的次序，正常情况下位于煤层之下、先于煤生成的岩层是底板，位于煤层之上、在煤层之后形成的岩层叫顶板。由于沉积物质和沉积环境的差异，顶底板岩层性质和厚度各不相同，在开采过程中破碎、冒落的情况也就不同。了解这些岩层的岩性特征、厚度、层理及节理发育程度、强度及含水性等，对确定顶板控制和巷道支护方式均有重要意义。

1）煤层的顶底板

根据顶底板岩层相对于煤层的位置和垮落性能、强度等特征的不同，从上至下，顶板划分为基本顶、直接顶、伪顶 3 个部分，底板分为伪底、直接底和基本底 3 个部分。不过，对于某个特定煤层来说，其顶底板的这 6 个组成部分不一定发育全，可能缺失伪顶或伪底。

2）煤层层数

各煤田的含煤层数多少不一，煤层一般成群埋藏。有的煤田只有几层煤，而有的多达十几层、数十层。相邻煤层间的法线距离称为煤层层间距。煤层层间距有大有小。当层间距很小时，在开采中可把相邻煤层看作一层，其间的薄层岩石称为夹矸。一般来说，中等距离煤层群对集中开采有利。

3）埋藏深度

各煤田的煤层埋藏深度差别较大，即使是同一个煤层，由于煤层倾角或地质构造的影响，埋深也有深有浅，埋藏过浅，煤层易被风化，从而失去利用价值；埋藏过深，矿山压力、地温、瓦斯涌出量和涌水量等都随之增加，增大了开采条件的复杂性与开采技术的难度。

（四）煤层的产状要素

煤层或岩层的产状是指岩层的空间位置及特征。为确定倾斜岩层的产状，常用3个产状要素即走向、倾向及倾角来表示，如图2－1所示。

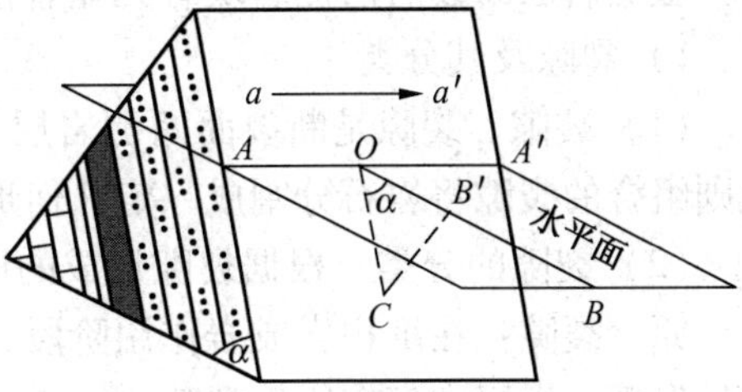

aa′—走向；AA′—走向线；CO—倾斜线；α—倾角；OB—倾向

图2－1　岩层产状要素

1. 走向

岩层或煤层层面与任一假想水平面的交线称为走向线，也就是同一层面上等高两点的连线。走向线延伸的方向即为岩层的走向。走向表示岩层在水平面上延展的方向，通常用走向线的方位角表示。

2. 倾向

在岩层层面上与走向线相垂直并沿斜面向下的一条线叫倾斜线，它表示岩层面的最大坡度。倾斜线在水平面上的投影所指方向即为倾向。倾向垂直于走向，通常也用方位角表示。

3. 倾角

倾斜线与它在水平面上投影的夹角称为倾角。倾角的大小反映了岩层的倾斜程度。倾角的变化范围在0°～90°之间。

（五）常见地质构造

沉积岩层和煤层在形成时，一般都是水平或近水平的且在一定范围内是连续完整的。后来受到地壳运动的影响，使岩层的形态发生了变化，甚至产生裂缝和错动，使岩层失去完整性。这种由地壳运动造成的岩层的空间形态，称为地质构造。地质构造的形态多种多样，概括起来可分为单斜构造、褶皱构造和断裂构造。

1. 单斜构造

由于地壳运动的影响，地壳表层中的煤层或岩层绝大部分是倾斜的，极少数是水平的或接近水平的。在一定范围内，煤层或岩层大致向一个方向倾斜，这样的构造形态称为单斜构造。单斜构造往往是其他构造形态的一部分，或是褶曲的一翼，或是断层的一盘。

2. 褶皱构造

煤层或岩层受地壳运动水平力的作用发生变形，呈现波状弯曲，但仍保持了岩层的连续性和完整性的构造形态叫褶皱，如图2－2所示。褶皱构造中煤层或岩层的任何一个弯曲叫褶曲。褶曲是组成褶皱的基本单位。褶曲有背斜和向斜两种基本形态。

（1）背斜：在形态上一般是一个中间向上凸起的弯曲，岩层自中心向两侧倾斜。

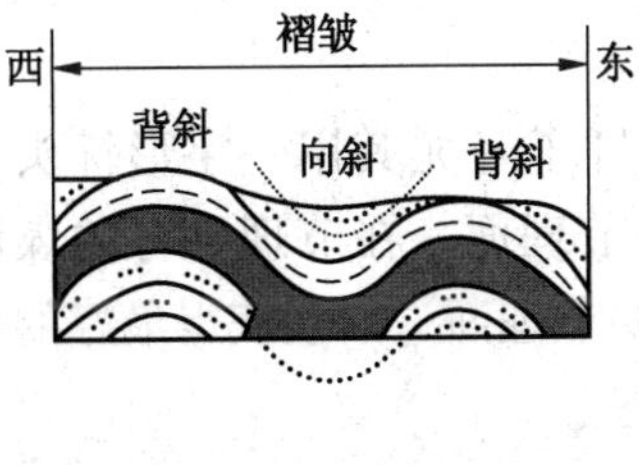

图2－2　褶皱和褶曲

（2）向斜：在形态上一般是一个中间向下凹陷的弯曲，岩层自两侧向中心倾斜。

背斜或向斜凹凸部分的顶部称为褶曲的轴部，两侧称为褶曲的翼部。背斜和向斜在位置上往往是彼此相连的。

3. 断裂构造

岩层受力后遭到破坏，形成断裂，失去了连续性和完整性的构造形态叫断裂构造。

根据岩层断裂后两侧岩块有无显著位移，可把断裂构造分为裂隙和断层两大类。

1）裂隙及其分类

（1）裂隙。裂隙是断裂面两侧岩层（岩石）没有发生明显位移的断裂构造。若干有规则组合的裂隙将岩石分割成一定几何形状的岩块，这种裂隙的总体称为节理。

（2）裂隙的分类。根据裂隙形成的原因，可将其分为以下3类：

原生裂隙：在沉积岩成岩作用阶段，主要由于沉积物脱水和压缩而形成，一般肉眼不容易发现，煤层中都有原生裂隙。

构造裂隙：受构造变动作用力所形成，也叫外生裂隙。在煤层中和围岩中常见且与原生裂隙斜交。在褶皱的煤层中可见到多组构造裂隙且常为两组彼此互相垂直，但其中一组往往发育不好。在断层附近，常有与断层面平行或斜交的裂隙发育。

压力裂隙：在巷道和采煤工作面附近，原有应力平衡状态受到破坏，由矿山压力作用而产生，又叫地压裂隙。压力裂隙平行于工作面而略向采空区倾斜，与其他一切裂隙斜交。压力裂隙与埋藏深度关系密切，深度越大，裂隙分布越广泛。

2）断层及其要素

（1）断层：断层是断裂面两侧的岩层产生明显位移的构造变动。断层部位岩层的完整性和连续性遭到破坏，是一种常见的重要地质构造现象。断层在地壳中分布广，形态和类型多，规模与分布因地而异。因此，在煤田地质勘探与煤矿生产中，查明断层的特征和分布规律，对于寻找断失的煤层，合理安排巷道布置，具有重要的意义。

（2）断层要素：断层各组成部分叫断层要素，主要有断层面、断层线、断盘、断煤交线和落差等，如图2-3所示。

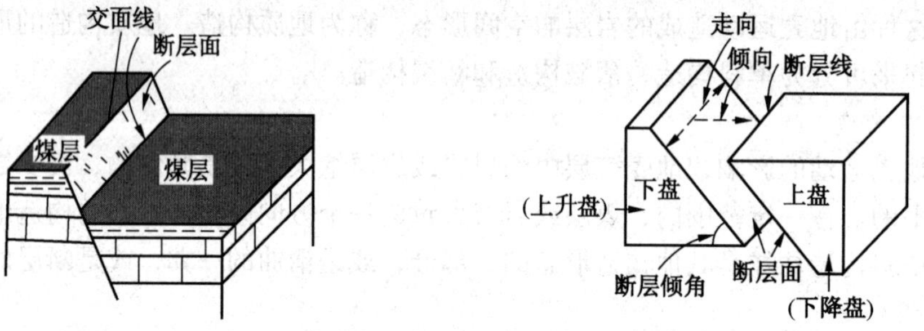

图2-3　断层要素示意图

（六）断裂构造与煤矿生产的关系

1. 节理与煤矿生产的关系

1）节理与钻眼爆破的关系

岩层的节理发育时，炮眼不能沿主要节理面打，以免卡钎子（尤其用一字形钎头时更应这样）和降低爆破效果。所以，炮眼应尽量垂直于主要节理面。在节理发育的煤层内掘进巷道或在采煤工作面钻眼时，同样要使炮眼垂直于主要节理面，以便获得最好的爆破效果。一般说来，节理发育的煤层，炮眼的间距可以大一些。

2）节理与采掘工作面布置的关系

巷道和采煤工作面，应尽可能与主要节理面形成一个锐角（小于90°的角），以便减少片帮事故，有利于安全生产。

3）节理与采煤工作面支架和顶板控制的关系

煤层顶板岩石的节理发育时，工作面支架一般不宜用顶柱，而宜采用棚子；同时棚子的顶梁最好按垂直于主要节理面的方向安置，从而防止顶板沿节理冒落，保证工作安全。

4）节理与矿井水和瓦斯的关系

节理破碎带是水和瓦斯的良好通道，所以破碎带发育地区的涌水量常会增加，有时还可引起井下水患；在瓦斯矿井中，节理破碎带的瓦斯涌出量，往往会突然增加。

2. 断层与煤矿生产的关系

1）断层与井田和采区划分的关系

为了减少断层给开采工作造成的困难和煤柱损失，将煤田划分为井田时，常常利用较大的断层作为井田的边界。同样，在划分阶段或采区时，一般也尽量用断层作为阶段和采区的边界。由此可见，断层不但能限制井田的范围，影响矿井建设规模的大小，而且还限制着阶段或采区的划分。此外，煤田内的煤层都是薄煤层及中厚煤层时，断层的发育就会大大降低煤田的开采价值。

2）断层与巷道掘进量的关系

有时为了寻找断失的煤层，要开掘较多的巷道，这不但增加巷道掘进量，甚至还可能造成无效进尺。

3）断层与安全生产的关系

断层带的岩石是十分破碎的，地表水和含水层中的水都能沿着断层带流入井下，增加井下涌水量和矿井排水、疏干工作的困难，同时也增加了排水设备和排水费用。井巷通过含水量较大的断层带时，掘进和支护工作困难，有时还会发生突然透水的事故。在瓦斯含量较大的煤层中，常常在断层破碎带积聚很多瓦斯；井巷通过破碎带时，必须注意防止发生瓦斯事故。井巷通过断层带时，还要预防发生冒顶等事故。

4）断层与煤炭损失的关系

在较大的断层两侧，必须留设一定宽度的保安煤柱，以免回采工作面接近断层时因突然发生大量涌水或有害气体涌出，而造成重大灾害事故。回采工作面通过一般断层带时，工作面支架和顶板控制工作复杂，而且很难保证安全。所以，断层越多，煤炭资源的损失就越大。

（七）岩浆入侵体

在地质历史中，我国有些地区的地壳运动较为频繁，岩浆活动也十分广泛，特别是中生代以来，我国东部地区的地壳运动伴随着岩浆活动，对不少地区的煤层有很大的影响。例如阜新、井陉、峰峰、兴隆、淄博、莱芜、陶庄等煤田都或多或少地遭到岩浆侵入活动的破坏，使部分煤的变质程度升高，破坏了煤层的结构，影响了煤层的厚度，给生产带来很大困难。

（八）岩溶陷落柱

在石灰岩中，古代溶洞非常发育，由于地下水的不断溶蚀，洞穴越来越大。在地质构造力和上部覆盖岩层的重力长期作用下，有些溶洞发生塌陷，这时覆盖在其上部的煤层也随之陷落，于是煤层遭受破坏。由于这种塌陷呈圆形或不规则的椭圆形柱状体，所以叫作

"陷落柱"。

陷落柱体内是由塌陷的岩石碎块组成。这些碎块杂乱无章，形状不一，大小混杂，胶结很差。这种地质变动属非构造变动。

在生产过程中，穿越陷落区时，会给安全生产带来很大困难，容易发生冒顶、水灾、瓦斯事故，因此爆破时要探明陷落柱情况，防止事故发生。

二、矿山压力知识

（一）矿山压力的概念

从地表到煤层埋藏的地下深处，岩层重重叠叠，下层的煤岩层承受着上面覆盖岩层的质量。地下的煤岩层未被开采前，在重力作用下形成的原岩应力是处于平衡状态的。当在煤岩体内开掘巷道或进行回采工作时，形成了一定空间，其上的岩层失去了原有的支承，就破坏了原来的应力平衡状态，引起岩体内的应力重新分布。这种由于应力重新分布而在井巷、硐室及采煤工作面周围煤、岩体内和支护物上引起的力就称为矿山压力，简称矿压或地压。

由于矿山压力的作用，在巷道、采煤工作面会引起一系列力学现象，如顶板下沉、底板鼓起、巷道变形，甚至顶板大面积冒落、煤壁片帮、支架变形或损坏以及地表塌陷等，统称为矿山压力显现，简称矿压显现。

矿山压力的存在是客观的、绝对的，它存在于采动空间的周围岩体中，它是矿山压力显现的原因。矿山压力显现是相对的、有条件的，可以控制的。把矿山压力显现控制在合理的范围之内，是矿山压力控制的根本目的，对巷道、采煤工作面进行有效的支护，是矿山压力控制的重要手段。把所有人为地调节、改变和利用矿山压力的各种技术措施，叫矿山压力控制。

（二）采动后顶板活动的一般规律

1. 采空空间上方岩层的分带

用全部垮落法处理采空区后，采空区上方的顶板岩石必然会垮落、堆积、碎胀、充填采空区，对上方岩层起到一定的支撑作用，但由于充填的饱满、密实程度与原有煤层相比，仍有很大差异和不足。所以，采空空间上方的岩层一般都将发生移动，自下而上形成3个带，即垮落带、断裂带和弯曲下沉带，如图2－4所示。

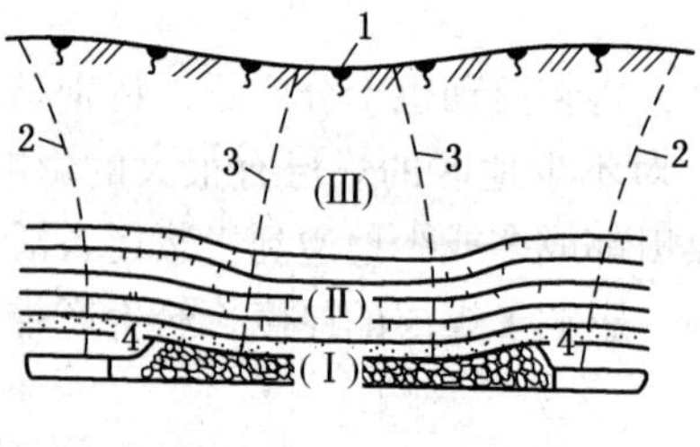

1—地表塌陷区；2—岩层开始移动边界线；3—岩层移动稳定边界线；4—离层现象；Ⅰ—垮落带；Ⅱ—断裂带；Ⅲ—弯曲下沉带

图2－4　采空空间上方岩层的分带

2. 上覆岩层在工作面推进方向的发展规律

1）直接顶初次垮落

长壁采煤工作面从开切眼开始采煤后，直接顶的悬露跨度不断增加，在自重的作用下，弯曲下沉也不断增大。一般在直接顶跨距达6～20 m后，直接顶开始垮落。当直接顶的垮落厚度达到采高的1.5～2倍时（达不到时可采用人工强制放顶的措施），垮落长度达到采煤工作面长度一半以上时，称为直接顶初次垮落，直接顶初次垮落时的跨距则称为初次垮落步距，如图2－5所示。

由于直接顶本身的岩层强度有大有小，直接顶内还可能存在各种裂隙，所以，初次垮落步距的大小相差也比较大。

2）基本顶初次来压

直接顶初次垮落后，采煤工作面继续向前推进，随着每次回柱放顶，采空区上方的直接顶也就随着垮落下来。顶板垮落破碎后体积要增大。破碎后的体积与原体积的比值称为岩石的碎胀系数。岩石刚破碎时的碎胀系数一般为 1.25～1.5。

如果直接顶厚度大于或等于采高的 2～4 倍，直接顶垮落后就能把采空区填满，如图 2－6 所示。这种情况下，随着垮落的直接顶被压实，基本顶岩层会下沉、弯曲、断裂。但是，这些活动对工作面影响很小，即基本顶来压的显现在工作面不明显。

图 2－5 直接顶初次垮落

图 2－6 直接顶垮落后填满采空区

如果直接顶垮落后填不满采空区，开始时基本顶在采空区上方呈双固定支点梁状态，基本顶岩梁把自身及其上覆岩层的质量都压到工作面周围的煤柱上，这时工作面还不会受到基本顶压力的影响。

随着工作面的继续推进，基本顶岩梁的跨度越来越大，基本顶就会逐渐弯曲下沉，当双固定支点梁达到极限跨距时，它就断裂下沉，如图 2－7a 所示。这时工作面顶板下沉加快，煤壁片帮严重，支柱受力增大，当采煤工作面过基本顶断裂线时，甚至会出现顶板台阶下沉的现象，如图 2－7b 所示。这是工作面自开始采煤以来基本顶的第一次来压，称为基本顶初次来压。开切眼到基本顶初次来压时工作面推进的距离称为基本顶初次来压步距，一般为 20～35 m。此后，工作面即进入正常采煤时期。

3）基本顶周期来压

基本顶初次来压后，随着工作面的继续推进，基本顶岩梁会发生周期性的断裂下沉，工作面内也周期性地出现顶板下沉加快，煤壁片帮严重，支柱受力增大，甚至顶板出现台阶下沉等基本顶来压的现象，称为基本顶周期来压，如图 2－8 所示。基本顶岩梁周期性断裂的距离称为基本顶周期来压步距，一般为基本顶初次来压步距的 1/4～1/2。

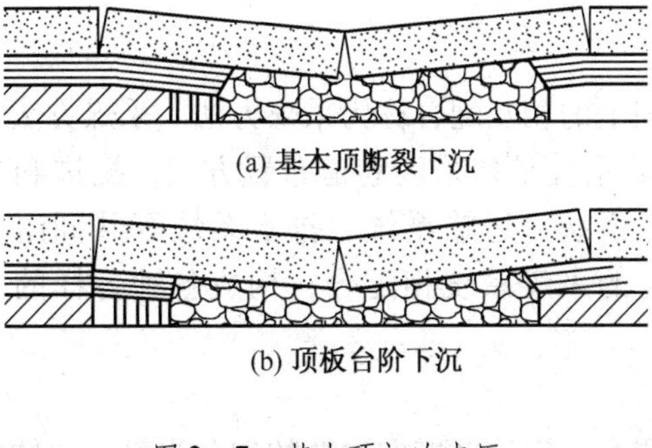

(a) 基本顶断裂下沉

(b) 顶板台阶下沉

图 2－7 基本顶初次来压

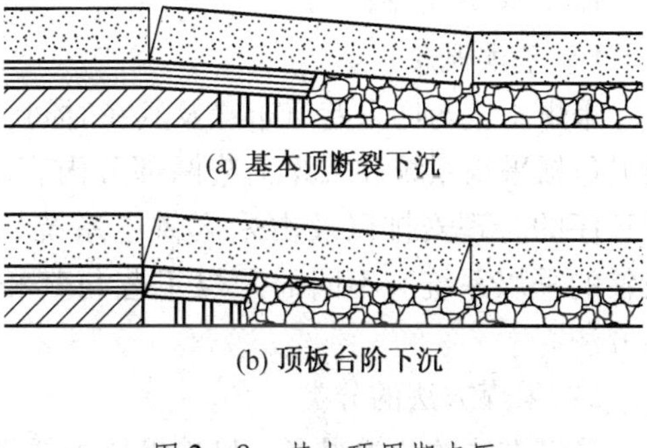

(a) 基本顶断裂下沉

(b) 顶板台阶下沉

图 2－8 基本顶周期来压

直接顶初次垮落、基本顶初次来压和基本顶周期来压是采煤工作面顶板控制困难时期，也是顶板压力最大的时期。直接顶初次垮落、基本顶初次和周期来压都是大面积岩层的破坏运动，对工作面矿山压力显现有明显的影响。所以，揭示和掌握岩层运动在工作面推进方向上的发展规律，对搞好采煤工作面顶板控制将具有十分重要的意义。

（三）岩石的变形特征及破坏方式

岩石的变形特征反映岩石在载荷作用下改变自己的形状或体积直至破坏的情况。岩石在载荷作用下，首先发生变形，当载荷增大或超过某一数值（极限强度）时，就会导致岩石的破坏。就是说，变形阶段包含着岩石破坏因素，而破坏则是不断变形的结果。

由于受力情况不同，岩石的变形有以下几种：

（1）弹性变形。岩石在载荷作用下，改变自己的形状或体积，当去掉载荷以后，又能恢复其原来形状或体积，这种变形称为弹性变形。如井下石灰岩顶板受压弯曲，在岩层折断后，会出现弹性恢复。

（2）塑性变形。岩石在载荷作用下发生变形，当去掉载荷后变形不能恢复。如在软岩石中掘进巷道时出现的底鼓，就是明显的塑性变形。

（3）脆性变形。岩石在载荷作用下，没有明显的塑性变形就突然破坏，这种破坏称为脆性破坏，这种岩石叫脆性岩石。煤矿井下大部分岩石为脆性岩石。

（4）弹、塑性变形。岩石同时具有弹性变形和塑性变形，称为岩石的弹、塑性变形。

（5）流变。许多岩石的变形并不是在一瞬间完成的，它与时间有密切关系。通常把岩石在长期载荷作用下的应力、应变随时间变化的性质称为岩石的流变性。

岩石的破坏方式主要是拉断、剪断、塑性变形等。

（四）采煤工作面顶板破坏形式

采煤工作面顶板破坏形式如下：

（1）岩梁的整体折断或滑落。

（2）层状顶板的分层掉落。

（3）脆性裂隙顶板的台阶下沉和切落。

（4）斜交裂隙切割的危岩冒落。

（5）松碎岩石的散落。

（6）顶板的弯曲下沉。

三、采煤基础知识

1. 采煤方法概述

1）基本概念

采煤工艺与回采巷道布置及其在时间、空间上的相互配合称为采煤方法。采煤方法实质上包括采煤系统和采煤工艺两部分内容。采煤系统是指采区巷道布置方式，掘进和采煤顺序的合理安排以及由采区供电系统、通风系统、运输系统、排水系统等共同组成完整的采煤系统。不同的采煤工艺与其相适应的采煤系统相配合，构成各种各样的采煤方法。

2）采煤方法的分类

采煤方法的分类很多，目前世界主要产煤国家使用的采煤方法总的划分为壁式和柱式两大类。这两种不同类型的采煤方法，无论在采煤系统，还是采煤工艺方面都有很大的区别。

壁式采煤法的特点是煤壁（即采煤工作面）较长，工作面两端至少各有一条巷道，用于进风、回风、运煤和运料；采出的煤炭平行于煤壁方向运出工作面。我国多采用壁式采煤方法。

柱式采煤法的特点是煤壁短，同时开采的工作面数目较多，采出的煤炭垂直工作面方向运出。我国当前常用的采煤方法主要有以下几种：

（1）走向长壁采煤法：长壁工作面沿走向推进的采煤方法。

（2）倾斜长壁采煤法：长壁工作面沿倾斜推进的采煤方法。

（3）倾斜分层采煤法：厚煤层沿倾斜面划分分层的采煤方法。

（4）长壁放顶煤采煤法：开采 6 m 以上缓倾斜厚煤层时，先采出煤层底部长壁工作面的煤，随即放采上部顶煤的采煤方法。

（5）掩护支架采煤法：在急倾斜煤层中，沿走向布置采煤工作面，用掩护支架将采空区和工作空间隔开，向俯斜推进的采煤方法。

（6）伪倾斜柔性掩护支架采煤法：在急倾斜煤层中，沿伪倾斜布置采煤工作面，用柔性掩护支架将采空区和工作空间隔开，沿走向推进的采煤方法。

（7）倒台阶采煤法：在急倾斜煤层的阶段或区段内，布置成下部超前的台阶形工作面，沿走向推进的采煤方法。

（8）正台阶采煤法：在急倾斜煤层的阶段或者区段内，沿伪斜方向布置成上部超前的台阶形工作面，沿走向推进的采煤方法。

（9）水平分层采煤法：急倾斜煤层中，沿水平面划分分层的采煤方法。

（10）斜切分层采煤法：急倾斜煤层中，沿与水平面成 25°～30°的斜面划分分层的采煤方法。

（11）仓储式采煤法：急倾斜煤层中，将采落的煤暂存于已采空间中，待仓房内的煤体采完后，再依次放出存煤的采煤方法。该方法已被禁止。

（12）房柱式采煤法：沿巷道每隔一定距离先采煤房直至边界，再后退采出煤房之间煤柱的采煤方法。

（13）房式采煤法：沿巷道每隔一定距离开采煤房，煤房之间的煤柱予以保留支撑顶板的采煤方法。

2. 采煤工艺

采煤工艺又称回采工艺，它是指采煤工作面各工序所用方法、设备及其在时间、空间上的相互配合关系。在采煤工作面进行煤炭生产的采煤工艺由 5 个主要工序组成：

（1）破煤：将煤炭从工作面煤壁上采落下来的工序。

（2）装煤：将采落下来的煤炭装入工作面刮板输送机的工序。

（3）运煤：将工作面采落的煤炭运出工作面的工序。

（4）支护：将破煤后暴露的工作面顶板空间用支护材料或设备支护的工序。

（5）采空区处理：在全部垮落法处理采空区的工作面，处理采空区是回柱（或移架）放顶工序；在全部充填法处理采空区的工作面，采空区处理是回柱充填的工序。

我国目前普遍采用的采煤工艺有爆破采煤工艺、普通机械化采煤工艺、综合机械化采煤工艺、综采放顶煤采煤工艺。

四、矿井通风与安全知识

（一）矿井空气及有害气体

煤矿井下工作环境恶劣，生产条件复杂。地面的空气进入井下流经巷道的过程中将混入大量的有毒有害气体和粉尘，空气的温度、湿度和压力等将发生一系列的变化。

矿井通风的基本任务是向井下各工作地点连续不断地输送充足的新鲜空气供人呼吸；稀释有毒有害气体和粉尘达到规定的安全和工业卫生允许浓度标准并排出矿井；保证井下适宜的气候条件，从而创造井下良好的工作环境，保障矿工身体健康、生命安全，提高劳动生产率，达到矿井安全生产的目的。

1. 井下空气的主要成分及性质

地面空气进入矿井后，由于受工作人员的呼吸、炸药爆炸、坑木腐朽、煤的氧化、煤层及围岩中涌出的各种有害气体、矿井火灾或瓦斯煤尘爆炸等各种因素的影响，其成分和性质会发生一些变化。主要变化有：氧气浓度减少；混入了各种有毒有害和爆炸性气体；混入了煤尘、岩尘等固体颗粒；空气的温度、湿度和压力发生了变化。井下空气的主要成分有氧气（O_2）、氮气（N_2）、二氧化碳（CO_2）、二氧化氮（NO_2）、二氧化硫（SO_2）、硫化氢（H_2S）、氨气（NH_3）、氢气（H_2）、矿尘和水蒸气等。

（1）氧气（O_2）。空气中的氧气是无色、无味、无臭的气体，它的密度是空气密度的1.11倍，化学性质活泼。氧气能助燃，也能供人和动物呼吸。

空气中最有利于人呼吸的氧气浓度为21%左右；当氧气的浓度降低到17%时，人在静止状态下影响很小，若是工作，就会感觉到强烈的心跳、气喘和呼吸困难；当氧气浓度减少到6%～9%时，人在短时间内就会窒息死亡。

《煤矿安全规程》规定，在采掘工作面进风流中，氧气浓度不得低于20%。

（2）氮气（N_2）。氮气是无色、无味、无臭的气体，它的密度为空气密度的0.97，不助燃，也不能供人呼吸。在正常情况下，对人体无害。但当空气中含量过多时，就会使氧气的浓度相对降低而可能使人窒息死亡。

（3）二氧化碳（CO_2）。二氧化碳是无色、略有酸味的气体。与空气的相对密度为1.52，是一种较重的气体，常积存于巷道的底板、下山等低矮的地方；二氧化碳不助燃，也不能供人呼吸，易溶于水而生成碳酸，略有毒性；对人的眼、鼻、喉的黏膜有刺激作用。

当空气中二氧化碳浓度为1%时人会呼吸急促；当空气中二氧化碳浓度增加到5%时，人会呼吸困难，同时有耳鸣和血液流动加快的感觉；当空气中二氧化碳浓度高达20%～25%时，人就会中毒死亡。

《煤矿安全规程》规定，采掘工作面进风流中，二氧化碳浓度不能超过0.5%；矿井的总回风巷道或一翼的回风巷道中二氧化碳浓度超过0.75%时，必须立即查明原因进行处理。采区回风巷、采掘工作面回风巷风流中二氧化碳浓度超过1.5%时，必须停止工作，撤出人员，进行处理。采掘工作面风流中二氧化碳浓度达到1.5%必须停止工作，撤出人员，查明原因，制定措施，进行处理。

2. 矿井中的有害气体

1）一氧化碳（CO）

一氧化碳是无色、无味、无臭的气体，在常温和常压下，一氧化碳浓度在 13% ~ 75% 时，遇火能引起爆炸。

一氧化碳毒性很强，当浓度达 1% 时，人只要呼吸几口就会失去知觉；如果长期在含有一氧化碳浓度 0.01% 的空气中生活或工作，会发生慢性中毒。

2）二氧化氮（NO_2）

二氧化氮是一种毒性很强的气体，它对人的眼、鼻、呼吸道和肺部组织有强烈腐蚀作用，严重时会造成肺水肿。

人如果长时间在二氧化氮浓度为 0.006% 的条件下工作，也会出现咳嗽、吐黄痰；达 0.01% 时，强烈刺激呼吸器官，严重时头痛、肺水肿、呕吐、神经麻木；达 0.025% 时，短时内即可死亡。

3）二氧化硫（SO_2）

二氧化硫是无色、具有强烈硫黄燃烧气味的气体。常积聚于巷道的底部。二氧化硫对人的眼、鼻和呼吸系统有强烈的刺激腐蚀作用，当空气中二氧化硫浓度达 0.002% 时，能引起眼红肿、流泪、咳嗽、头痛、喉痛；达 0.05% 时，能使喉咙和支气管发炎、呼吸麻痹，严重时引起肺水肿甚至死亡。所以工人称它为“害眼气体”。

4）氨气（NH_3）

氨气是无色、有强烈刺激臭味的气体，有毒，对眼、皮肤和呼吸系统有刺激作用，严重时引起肺水肿、失去知觉甚至死亡。当空气中氨的浓度达到 0.0011% 时，人可嗅到气味，浓度在 0.047% 时，人接触后会出现受刺激、贫血、抵抗力降低等症状。

5）硫化氢（H_2S）

硫化氢是无色、微甜、有臭鸡蛋味的气体。能燃烧，当浓度达到 4.3% ~46% 时，还能爆炸。硫化氢极毒，能使血液中毒，对眼睛、黏膜和呼吸系统有强烈刺激作用。当空气中硫化氢浓度为 0.01% 时，就能闻到气味，流唾液、流清鼻涕并呼吸困难；当硫化氢浓度达 0.02% 时，眼、鼻、喉黏膜受强烈刺激，头痛、呕吐、四肢无力；浓度达 0.05% 时，30 min 内人就会失去知觉、痉挛或死亡。

除上述气体外，瓦斯也是井下的有害气体。

《煤矿安全规程》对井下有害气体最高允许浓度作了规定，见表 2 - 1。

表 2 - 1　矿井有害气体最高允许浓度

名　　称	最高允许浓度/%	名　　称	最高允许浓度/%
一氧化碳（CO）	0.0024	硫化氢（H_2S）	0.00066
氧化氮（换算成 NO_2）	0.00025	氨 NH_3	0.004
二氧化硫（SO_2）	0.0005		

同时《煤矿安全规程》还规定，当采掘工作面空气温度超过 26 ℃时；必须缩短超温地点工作人员的工作时间，并给予高温保健待遇。

3. 防止有害气体危害的措施

为了防止有害气体的危害，应采取以下措施：

（1）加强通风冲淡瓦斯，防止有害气体危害的最根本的措施就是加强通风，不断供给井下新鲜空气，将有害气体冲淡到《煤矿安全规程》规定的安全浓度以下并排至矿井以外，以保证工作人员的安全与健康。同时，这也是矿井通风的基本任务之一。

（2）坚持检查争取主动。应用各种仪器仪表检查、监视井下各种有害气体的发生、发展和积聚情况，是防止有害气体的一种重要手段。只有通过检查来掌握情况、发现问题，才能谈得上解决问题，防患于未然。

（3）喷雾洒水。在生产过程中，爆破工作将会生成大量的有害气体，为了减少其生成量，应禁止使用非标准炸药，严格执行爆破有关制度和《煤矿安全规程》有关规定，并尽可能使用水炮泥爆破。掘进工作面爆破时，应进行洒水，以溶解氧化氮等有害气体，同时消除炮烟和煤尘。有二氧化碳涌出的工作面亦可使用喷雾洒水的办法使其溶于水中。在所使用的喷雾洒水中加入石灰或一些药剂，效果会更好。

（4）禁止进入险区，避免窒息。井下通风不良的地方或不通风的旧巷内，往往聚集大量的有害气体，因此，在不通风的旧巷口要设置栅栏，挂上“禁止入内”的牌子。如果要进入这些巷道，必须先进行检查，当确认巷道中空气对人体无害时才能进入，以避免窒息死亡事故的发生。

（5）及时抢救减少伤亡。当有人由于缺氧窒息或呼吸有害气体中毒时，应立即将窒息或中毒者移到有新鲜空气的巷道或地面，进行抢救，最大限度地减少人员伤亡。

（6）抽放瓦斯变害为宝。如果煤、岩中某种有害气体的储量较大，可采取回采前预先抽放的办法，将煤（岩）层中的瓦斯预先抽放出来，送到地面加以利用。

4. 矿井气候条件对人体的影响

人体产生的热量随人的体质、年龄和劳动强度大小不同而变化，成年人进行轻微工作时，每小时能产生约 502.4 kJ 的热量，进行繁重的劳动时，则能产生 1046.7 kJ 以上的热量。人体散热的方式有对流、辐射和蒸发 3 种。在对流过程中起主导作用的是人与周围空气的温度差和空气的流动速度；在辐射的过程中，人体与周围介质的热交换是与两者的绝对温度差成正比，因此当气温较低时，人体产生的热量大部分以对流及辐射形式散失；在气温超过 25 ℃的情况下，对流及辐射散热将大大减少；而当气温超过 37 ℃时，人体的主要散热方式是出汗蒸发。人体出汗 1 mL，能散热 2.43 J。《煤矿安全规程》规定，采掘工作面空气温度不得超过 26 ℃。

蒸发作用与空气温度、湿度和风速有关，蒸发的效果取决于空气的相对湿度。相对湿度小于 30% 时，蒸发过快，会感到干燥；相对湿度为 80% 时，蒸发困难；相对湿度为 100% 时，蒸发完全停止。最适宜的相对湿度为 50% ~60% 。当空气的温度、湿度一定时增加风速可以提高散热效果。气温与体温相差越大，增加风速以后的散热效果越显著。因此矿井空气温度、湿度、风速对人体散热的影响是综合的。空气温度影响辐射和对流，湿度影响汗水蒸发，风速影响对流和蒸发。如空气温度高、湿度小，加大风速同样能满足人体劳动时的热交换作用。因此，为了在井下创造适宜的气候条件，要结合现场实际生产条件，从温度、湿度和风速 3 个方面加以解决。温度和风速之间的合适关系见表 2 –2。

表 2-2 温度和风速的合适关系

空气的温度/℃	适宜的风速/($m \cdot s^{-1}$)	空气的温度/℃	适宜的风速/($m \cdot s^{-1}$)
<15	<0.5	22~24	>1.5
15~20	<1.0	24~26	>2.0
20~22	>1.0		

5. 井巷中的风速

风速是指风流单位时间内流过的距离。井巷中的风速过高或过低都会影响工人的身体健康。风速过低时汗水不易蒸发，人体多余热量不易散失掉，人就感到闷热不舒服，同时瓦斯也容易积聚；风速过高使人感冒，矿尘飞扬，对安全生产和工人的身体健康都不利。因此，《煤矿安全规程》规定了采掘工作面和各类井巷的最低、最高允许风速。

（二）矿井通风系统

矿井通风系统是矿井通风方法、通风方式、通风网路的总称。通风方法是指主要通风机的工作方法，有抽出式、压入式及压入与抽出联合式 3 种；通风方式是指进风井与回风井筒的布置方式，有中央式、对角式及混合式等方式；通风网路是指风流流经巷道的连接形式，有串联、并联和角联等。

1. 通风方法

矿井通风方法是指主要通风机的工作方法，分为抽出式、压入式和压入与抽出混合式 3 种。

1）抽出式

矿井主要通风机安装在回风井口，利用主要通风机运转时产生的能量将井下空气从进风井口吸入井下。采用抽出式通风时，井下风流中任意一点的压力都比当地同标高的大气压力低，处于负压状态。因此，也称为负压通风。

2）压入式

主要通风机安装在进风井口，利用主要通风机运转时产生的能量，把地面新鲜空气压入井下，同时，迫使井下空气由回风井排出地面。压入式通风时，井下风流中任意一点的压力都高于当地同标高的大气压力，处丁正压状态，因此，也称为正压通风。

3）压入与抽出混合式

它是压入式主要通风机和抽出式主要通风机串联运转联合工作的方法。压入式主要通风机把地面空气压入井下，抽出式主要通风机把井下空气吸出到地面。

2. 矿井通风方式

矿井通风方式是对矿井的进风井筒与回风井筒的相对布置位置而言的。按进、回风井筒相对不同位置，矿井通风方式分为中央式、对角式和混合式 3 种类型。

1）中央式

中央式进风井和回风井大致都位于井田走向中央。根据回风井沿煤层倾斜方向所处位置不同，又可分为中央并列式和中央分列式两种。

（1）中央并列式。进风井和回风井并列布置在井田的中央，如图 2-9 所示。

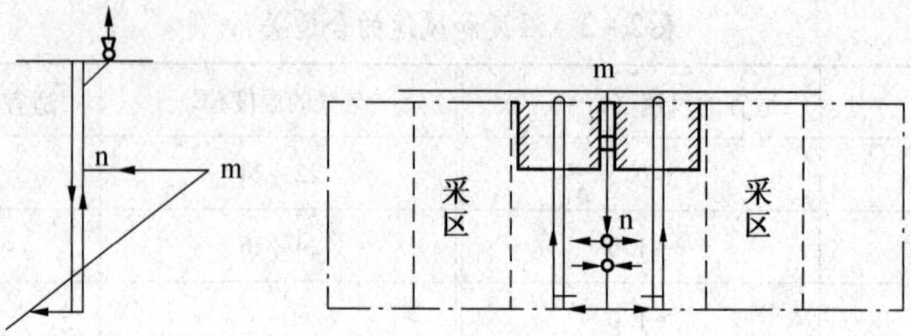

图 2-9　中央并列式通风系统示意图

中央并列式具有矿井初期投资少、建设时间短、投产快、出煤早、地面建筑集中、管理方便、井筒延深工作方便，容易实现矿井反风的优点。缺点是矿井通风路线长，负压较大，漏风大，通风电力费用高。该通风系统适用于埋藏深、煤层倾角大，但走向长度不大、瓦斯和自然发火不严重的矿井。

（2）中央分列式（中央边界式）。进风井位于井田中央，出风井位于井田沿煤层倾斜方面上部边界的中央，如图 2-10 所示。

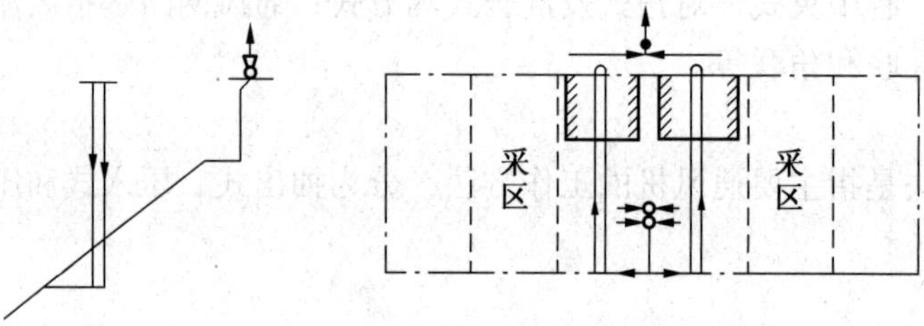

图 2-10　中央边界式通风系统示意图

中央分列式的优点与并列式大致相同。但分列式的风流路线较短，阻力小、内部漏风少，安全性较好，多一个安全出口，工业广场不受噪声干扰，由回风井辅设防尘洒水管路方便。缺点是建井期较长，初期投资大，管理分散。该通风系统适用于煤层埋藏较浅、煤层倾角较小、走向长度不大、高瓦斯、自然发火严重的新建矿井。

2）对角式

进风井位于井田中央，回风井分别位于井田两翼上部边界。根据回风井的位置不同，又分为两翼对角式和分区对角式两种。

（1）两翼对角式。进风井位于井田中央，回风井位于井田浅部沿走向的两翼边界上，如图 2-11 所示。

两翼对角式与中央并列式的优缺点相反，安全性比中央分列式更好。它风流路线短，阻力和漏风较小；安全出口多；采区风阻均衡，容易控制风量，总风压较稳定；吨煤耗电少。缺点是建井工程量大，建井期长，投资大，设备多，供电线路长，管理分散，反风较困难。该通风方式适用于井田走向长、产量高、需要风量大、煤炭易自燃、有煤与瓦斯突出矿井。

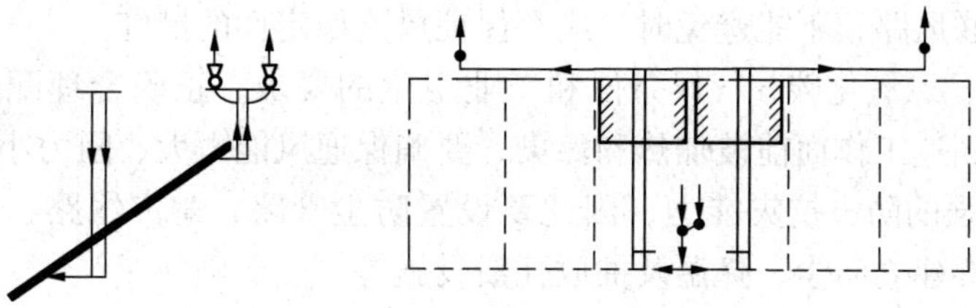

图 2-11 两翼对角抽出式通风系统

（2）分区对角式。进风井位于井田中央，不掘总回风井，而在每个采区各掘一个小回风井实现各采区单独回风，构成多井口多风机的通风系统，如图 2-12 所示。

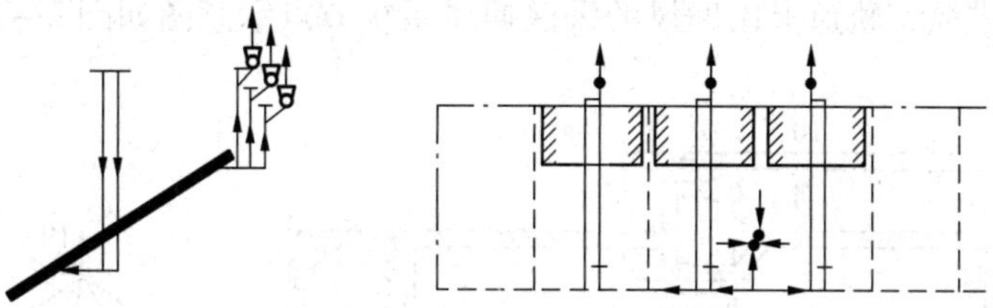

图 2-12 分区对角抽出式通风系统

分区对角式的优点是，各采区有独立的通风路线，互不影响，通风线路短；风压和风阻小，耗电少；产量可增大；适应复杂地形。缺点是设备多，管理分散，反风困难。该通风方式适用于开采井田浅部、地表起伏大、第一水平无法开掘总回风道、高瓦斯、井田走向长的新建或扩建的大型矿井。

3）混合式

3 个井筒以上按上述任意两种通风方式结合即为混合式通风方式。如中央分列与两翼对角混合式、中央并列与两翼对角混合式及中央并列与中央分列混合式等。

3. 采区通风系统

采区通风系统是矿井通风系统的基本组成部分，它是指矿井风流从主要进风巷道进入采区，流经有关巷道，清洗采掘工作面、硐室及其他用风巷道后，流入矿井主要回风巷的整个线路。

1）采区通风系统的基本要求

采区通风系统主要取决于采区巷道布置和采煤方法，同时要满足采区通风的特殊要求。确定采区通风系统时，必须遵守安全、经济、技术合理等原则，满足以下基本要求：

（1）采掘工作面、硐室都应采用独立通风。采取串联通风时，必须遵守《煤矿安全规程》的规定。

（2）采区必须有独立的风巷，实行分区通风。采区进、回风巷必须贯穿采区的整个长度和高度。严禁将一条上山、下山或盘区的风巷分为两段，其中一段为进风巷，另一段为回风巷。

（3）通风网路要简单，便于发生事故时控制和撤出人员，尽量减少通风设施的数量，尽量避免采用角联风路，不能避免时，应有保证风流稳定性的措施。

（4）按瓦斯、二氧化碳、气候条件和工业卫生的要求，正确合理配风。要减少采区漏风，避免新风到达工作面前被加热和污染，要确保通风能力大、阻力小、风流畅通。

（5）要有较强的防灾抗灾能力，因此要设置防尘管路、避灾线路、灾变时的风流控制设施，必要时要建立防尘、降温及抽放瓦斯设施等。

（6）有利于排放采空区瓦斯和防止残煤自燃。

2）采区进、回风上山的选择

每个采区上山至少有两条，一条运煤上山，作运煤之用；一条轨道上山，作运料、运矸之用。可采用轨道上山作为采区主要进风巷，运煤上山作为采区的主要回风巷；也可用运煤上山作为采区的主要进风巷，轨道上山作为采区的主要回风巷。以上两种不同的通风系统各有利弊。

输送机上山进风，轨道上山回风的采区通风系统节点示意图如图 2－13 所示。

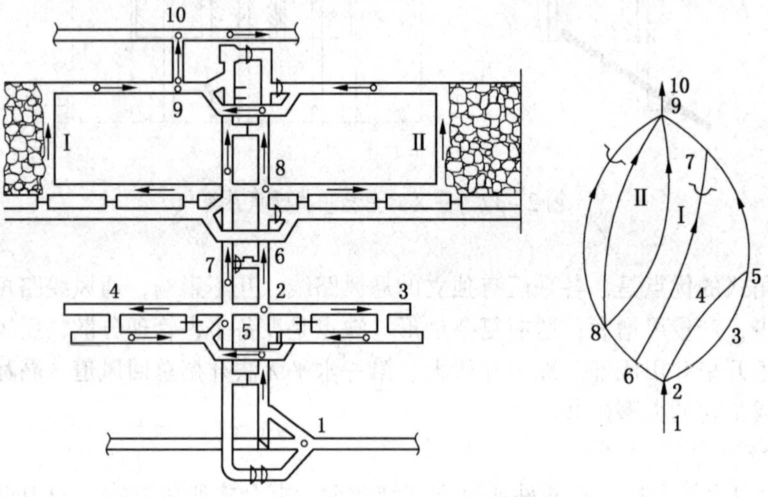

图 2－13　输送机上山进风、轨道上山回风的采区通风系统节点示意图

以上系统风流与运煤方向相反，易引起煤尘飞扬，使进风流煤尘浓度增大；煤炭放出的瓦斯和机械设备散热带进采煤工作面，会使工作面安全卫生条件恶化；轨道上山的下部车场所设风门容易被矿车损坏而漏风，甚至造成风流短路。若采用轨道上山进风，输送机上山回风的采区通风系统，其进风流不会污染，空气清新；轨道上山的下部车场不设风门，运输方便。但是运输机械设备处于回风流中，安全性差；采区中部车场和上部车场风门多，管理复杂。进、回风上山的选择应根据煤层赋存条件、开采方法及瓦斯、煤尘和温度等具体条件，通过技术经济比较后确定。一般认为，在瓦斯、煤尘威胁大的采区，宜采用轨道上山进风方式。对低瓦斯、煤尘威胁性小并采取防尘措施的采区，可采用输送机上山进风方式。对于综合机械化采区，煤层群集中上山联合布置或厚煤层分层开采的采区，因产量大，瓦斯涌出量大，供风量大并受到风速的限制及为了降低阻力，采区内可布置

3条或更多的上山作为进风与回风用。对于急倾斜煤层，采区溜煤眼不准作为进风巷。对高瓦斯矿井、采区或有煤与瓦斯突出危险的采区，通常宜布置3条采区上山，即除输送机上山和轨道上山外，再增加一条通风行人上山，专门作为采区回风巷，从而解决采区通风的困难。

3）采煤工作面通风系统的形式和选择

采煤工作面通风系统，通常由两条平行的巷道和工作面组成。

（1）U形通风系统，也叫反向通风系统，如图2－14所示。该系统简单，进、回风流不经过采空区，漏风小，因风量受限制，在工作面上隅角附近易积存瓦斯，影响工作面安全生产。此种通风形式被我国煤矿绝大多数采煤工作面采用。

（2）Z形通风系统，也叫顺向通风系统，如图2－15所示。此系统也简单，可消除上隅角瓦斯积聚，但风量受限制。

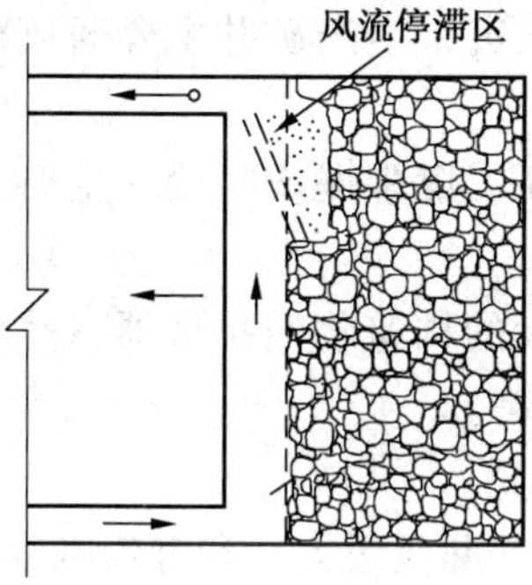

图2－14 反向通风系统

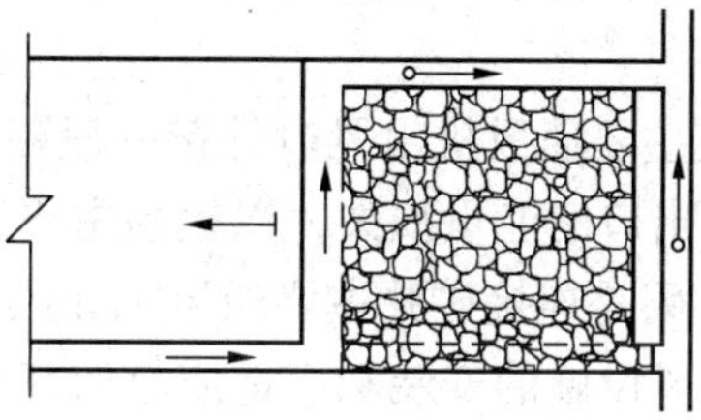

图2－15 顺向通风系统

（3）Y形通风系统，即顺向掺新通风系统，如图2－16所示。该系统工作面运输巷、回风巷均进新风，将工作面和回风流中的瓦斯冲淡并排出，对瓦斯涌出量大的工作面有利。

（4）双工作面通风系统如图2－17所示。该系统可使工作面风量加大，适用于长工作面，安全出口多，运输能力大，产量大，但掘进量大，系统复杂。

采煤工作面应实行独立通风，布置独立通风确有困难需要串联通风时，应按《煤矿安全规程》规定执行。

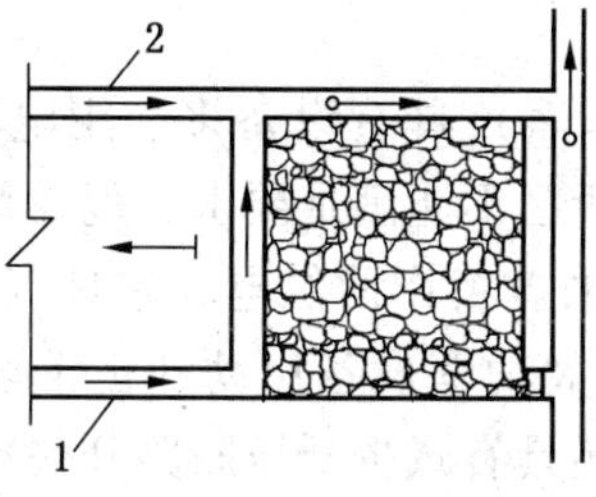

1—进风风流；2—掺新风流

图2－16 顺向掺新通风系统

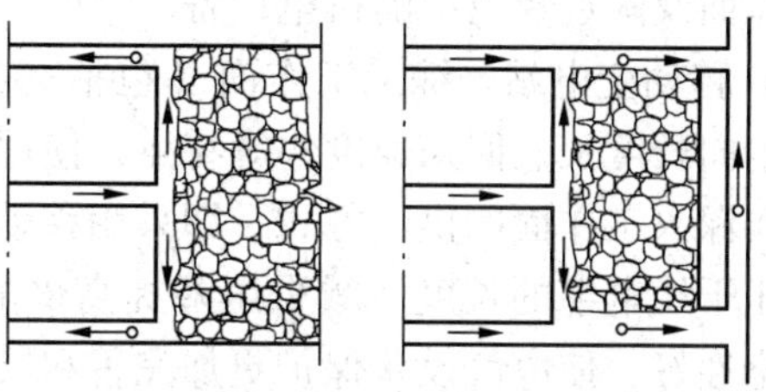

图2－17 双工作面通风系统

4. 矿井通风设施

矿井通风设施，就是在矿井通风系统中为控制、引导或为改善通风效果等所建造的通风构筑物。通风设施必须合理选择位置，保证工程施工质量，严格管理制度，使其经常处于完好状态。这是矿井通风与安全管理的重要工作之一。矿井通风设施主要有风门、密闭、风桥、调节风窗、反风装置、防爆门、扩散器、风硐等。

（1）风门是既要切断风流又要行人通车的通风构筑物。风门有木制的、铁制的和木制包铁皮的几种。

（2）密闭是切断风流或封闭采空区，防止瓦斯向巷道扩散的构筑物。密闭分临时的和永久的两种。临时密闭一般用帆布、木材等材料修筑，永久密闭用砖和料石等砌筑。

（3）风桥是用于隔开两支交叉的进、回风的构筑物。按风桥的结构形式可分为绕道式风桥、混凝土风桥、铁风筒风桥 3 种。

（4）调节风窗是增加风阻的调风设施。

（5）反风装置是为了处理矿井进风系统发生的火灾，生产矿井主要通风机必须装有的反风装置。

（6）防爆门是装有主要通风机的井筒为防止瓦斯、煤尘爆炸时毁坏主要通风机的安全设施。

（7）在主要通风机出风口外接一段断面逐渐扩大的构筑物叫扩散器。其作用是减少主要通风机出口的能量损失，以提高主要通风机的效率。

（8）风硐是连接矿井主要通风机和风井的一段巷道。

矿井通风设施的安装和建造质量的好坏是造成矿井漏风量大小和有效风量率高低的重要因素，同时也是直接关系到矿井能否进行安全生产的重要条件，因此，应经常检查、维修和爱护通风设施，使通风设施完好无损、正常使用，确保矿井安全生产。

五、矿井机电知识

（一）采区供电系统及井下供电三大保护

1. 采区供电系统

由采区变电所、移动变电站、采掘工作面电气设备及采区内其他电气设备、电缆按照一定方式相互连接起来构成的供电网称为采区供电系统。

（1）采区变电所。采区变电所是采区的动力中心。它的电源由井下中央变电所提供，任务是将高压电能变为低压电能，然后用低压电缆将电能配送到采掘工作面配电点再分别送给工作面及附近巷道中的机电设备。

（2）移动变电站。综采工作面（包括高档普采工作面）具有设备多、用电容量大、工作面走向长度长、回采速度快等特点，使用固定变电所已不能满足要求，现在普遍采用高压直接深入工作面的供电方式，即采用移动变电站向采煤工作面供电。它具有电压高、缩短低压干线电缆的长度、减少压降提高供电质量满足大功率设备启动和正常运转的需要；安全性好，使电气设备保护更加完善和灵敏可靠；还具有减少低压断路开关数量、检修方便、移动迅速等优点。

2. 井下供电三大保护

煤矿井下供电系统的过电流保护、漏电保护、接地保护统称为煤矿井下供电的三大保护。它是保证井下供电安全的可靠措施。因此各矿机电科都设有三大保护专业组或电气管理组，负责维修、整定、检查、试验等任务。

1）漏电保护

（1）漏电的危害。漏电故障可能引起电火灾，瓦斯、煤尘爆炸以及电雷管起爆等重大事故，还可能发生人身触电和设备损坏。因此必须装设灵敏可靠的漏电保护装置。

（2）漏电保护装置的作用：①当电网的绝缘电阻降低到规定值时，它能自动切断电源；②当人身触电时，它能迅速地自动切断电源，防止触电事故；③可连续监视电网的绝缘状况，以便及时发现问题进行检修；④可补偿部分电容电流，降低人身触电危险性和减少接地的入地电流，减小瓦斯、煤尘爆炸的危险；⑤预防电缆和电气设备因漏电而引起的相间短路故障，特别是在使用屏蔽电缆时可防止电缆短路事故的发生。

（3）对漏电保护装置的要求：①应灵敏可靠并严禁甩掉不用；②采区变电所内低压检漏装置必须每天进行一次跳闸试验并作记录；③煤电钻综合保护装置在每班使用前，必须进行一次跳闸试验。

2）过电流保护

过电流保护是指设备或线路发生过电流故障时，切断电源的保护装置。其作用是保护设备和线路安全，避免因过电流产生的电火花引起瓦斯、煤尘爆炸事故。凡是流过电气设备（包括供电线路）的电流超过它们的额定电流值时叫过电流，简称过流。煤矿井下常见的过流故障有短路、过负荷（过载）和断相。

井下低压电网常用的过流保护装置有熔断器、电磁式过电流继电器、热继电器和综合保护器。

3）保护接地

保护接地就是把电气设备正常时不带电的金属外壳和构架与埋设在地下的接地极用金属导线连接起来的设施。这样就可使损坏绝缘的电气设备外壳所带的对地电压降到安全数值，它是防止人身触电的主要安全措施。

当电气设备的绝缘局部损坏时，可能使正常不带电的金属外壳也带上电，如果人身触及外壳，电流就通过人身和大地形成回路，这就和人触及一相火线时情况完全一样，是很危险的。有接地保护时，人触及带电外壳时，由于接地装置的电阻比人身电阻（井下为1000 Ω）要小得多，故绝大部分电流经接地极流入大地，只有很小一部分电流流经人身，大大减小了触电危险性，同时设备漏电时，使其外壳与地接触不良产生的电火花减少了，从而减少了引起瓦斯、煤尘爆炸的可能性。

（二）井下安全用电有关规定

1.《煤矿安全规程》对井下安全用电的有关规定

（1）严禁井下配电变压器中性点直接接地。严禁由地面中性点直接接地的变压器或发电机直接向井下供电。

（2）井下不得带电检修、搬迁电气设备、电缆和电线。

检修或搬迁前，必须切断电源，检查瓦斯，在其巷道风流中瓦斯浓度低于1.0%时，再用与电源电压相适应的验电笔检验，检验无电后，方可进行导体对地放电。开关手把在切断电源时必须闭锁，并悬挂“有人工作，不准送电”字样的警示牌，只有执行这项工作的人员才有权取下此牌送电。

非煤矿专用的便携式电气测量仪表，必须在瓦斯浓度1.0%以下的地点使用，并实时监测使用环境的瓦斯浓度。

（3）操作井下电气设备应遵守下列规定：①非专职人员或非值班电气人员不得擅自操作电气设备；②操作高压电气设备主回路时，操作人员必须戴绝缘手套，并穿电工绝缘靴或站在绝缘台上；③手持式电气设备的操作手柄和工作中必须接触的部分必须有良好绝缘。

（4）电气设备的检查、维护和调整，必须由电气维修工进行。高压电气设备的修理和调整工作，应有工作票和施工措施。高压停、送电的操作，可根据书面申请或其他可靠的联系方式，得到批准后，由专责电工执行。

采区电工在特殊情况下，可对采区变电所内高压电气设备进行停、送电的操作，但不得打开电气设备进行修理。

2. 井下安全用电“十不准”

为了搞好井下电气安全，原煤炭部针对井下电气事故原因曾下发文件要求井下用电必须做到“十不准”：不准带电检修和搬迁电气设备；不准甩掉无压释放装置、过流保护装置和接地保护装置；不准甩掉检漏继电器、煤电钻综合保护装置和局部通风机风电、甲烷电闭锁装置；不准明火操作、明火打点、明火爆破；不准用铜、铝铁丝等代替熔断器中的熔件；停风、停电的采掘工作面未经检查瓦斯不准送电；失爆设备和失爆电器不准使用；有故障的供电线路，不准强行送电；电气设备的保护装置失灵后，不准送电；不准在井下拆卸和敲打矿灯。

（三）井下触电事故的预防措施

井下触电事故的预防措施如下：

（1）防止人身触及、接近带电体。①将电气设备的裸露导体安装在一定高度；②对导电部件裸露的高压电气设备无法用外壳封闭的，必须加遮拦，同时在遮拦门上装设开门即停电的闭锁开关；③井下电气设备的带电部件和电缆接头制成封闭型并在操作手柄与盖子之间设有机械闭锁装置；④严禁带电作业。

（2）井下照明、手持式电气设备、电话、信号装置的电压不超过127 V，远距离控制线路的额定电压不超过36 V。

（3）严禁井下配电变压器中性点直接接地。设备的漏电保护装置和保护接地装置要灵敏、可靠。

（4）严格执行安全用电的各项规定和制度，如停送电制度、“两票三监制”等。

（5）使用合格的绝缘用具。

（6）加强电气工作人员的安全技术培训，提高安全意识，杜绝违章作业。

六、矿山救护知识

（一）现场的自救与互救

矿井发生事故后，矿山救护队不可能立即到达事故地点。大量事实证明，当矿井发生灾害事故后，矿工在万分危急的情况下，依靠自己的智慧和力量，积极、正确地采取救灾、自救、互救措施，是最大限度地减少事故损失的重要环节。

1. 自救与互救的概念及应熟知的内容

所谓自救，就是当井下发生灾害时，在灾区或受灾害影响区域的每个工作人员避灾和保护自己的行为；而互救，是指当井下发生灾害后，灾区人员在有效地进行自救的前提下，没有受到伤害的人员妥善地救护受伤害人员的行为。

为了确保避灾、自救和互救行为的有效性，最大限度地减小损失，每位入井人员都必须熟知的内容和准备工作有以下几个方面：

（1）掌握矿井灾害事故的特点和规律，事故发生后要沉着冷静，不要惊慌失措。

（2）熟悉所在矿井的灾害预防和处理计划。

（3）学会识别各种灾害的预兆，学会处理突发事故的方法。

（4）熟悉矿井的井下巷道、避灾路线、安全出口和避灾硐室。

（5）掌握避灾方法，每一下井人员必须随身携带自救器并会使用自救器。

（6）掌握抢救伤员的基本方法及现场急救的操作技术。

2. 发生事故时现场人员的行动原则

1）及时报告灾情

发生灾变事故后，事故地点附近的人员应尽量了解或判断事故性质、地点和灾害程度，迅速利用最近处的电话或其他方式向矿调度室汇报，迅速向事故可能波及的区域发出警报，使其他工作人员尽快知道灾情。在汇报灾情时，要将看到的异常现象（火烟、飞尘等）、听到的异常声响、感觉到的异常冲击如实汇报，不能凭主观想象判定事故性质，以免给领导造成错觉，影响救灾，这在我国煤矿救灾中是有沉痛教训的。

2）积极抢救

灾害事故发生后，处于灾区内以及受威胁区域的人员，应沉着冷静。根据灾情和现场条件，在保证自身安全的前提下，采取积极有效的方法和措施，及时投入现场抢救，将事故消灭在初起阶段或控制在最小范围，最大限度地减少事故造成的损失。在抢救时，必须保持统一的指挥和严密的组织，严禁冒险蛮干和惊慌失措，严禁单独行动；要采取防止灾区条件恶化和保障救灾人员安全的措施，特别要提高警惕，避免中毒、窒息、爆炸、触电、二次突出、顶帮二次垮落等次生事故的发生。

3）安全撤离

当受灾现场不具备事故抢救的条件，或可能危及人员的安全时，应由在场负责人或有经验的老工人带领，根据矿井灾害预防和处理计划中规定的撤退路线和当时当地的实际情况，尽量选择安全条件最好、距离最短的路线，迅速撤离危险区域。在撤退时，要服从领导，听从指挥，根据灾情使用防护用品和器具；遇有溜煤眼、积水区、垮落区等危险地段，应探明情况，谨慎通过。

灾区人员撤出路线选择得正确与否决定了自救的成败。

4）妥善避灾

如无法撤退（通路被冒顶阻塞、在自救器有效工作时间内不能到达安全地点等）时，应迅速进入预先筑好的或就近地点快速建筑的临时避难硐室，妥善避灾，等待矿山救护队的援救，切忌盲动。

事故现场实例表明，遇险人员在采取合适的自救措施后，是能够坚持较长时间而获救的。

（二）自救器和避难硐室

《煤矿安全规程》规定，入井人员必须随身携带自救器。在突出煤层采掘工作面附近爆破时，撤离人员集中地点必须设有直通矿调度室的电话，并设置有供给压缩空气设施的避难硐室。

1. 自救器

自救器是一种轻便、体积小、便于携带、戴用迅速、作用时间短的个人呼吸保护装备。当井下发生火灾、爆炸、煤和瓦斯突出等事故时，供人员佩戴和使用，可有效防止中毒或窒息。

当前，多地要求各煤矿要加强正确使用自救器知识的教育和培训，确保每位入井人员能够正确熟练地佩戴和使用自救器，实现 30 s 内盲戴。自救器的使用方法如下：①屏住呼吸，将自救器移至正前方；②取下封条打开上盖；③展开气囊不能扭折；④拔出口具塞，含进嘴内，咬紧并紧闭嘴唇；⑤逆时针转动开关；⑥按动补气压板气囊鼓起；⑦掰开鼻夹弹簧，夹在鼻翼两侧，保持用嘴呼吸；⑧托起自救器，匀速前进，快速撤离。

2. 避难硐室

避难硐室是供矿工在遇到事故无法撤退而躲避待救的设施，分永久避难硐室和临时避难硐室两种。永久避难硐室事先设在井底车场附近或采区工作地点安全出口的路线上。对其要求是：设有与矿调度室直通电话，构筑坚固，净高不低于 2 m，严密不透气或采用正压排风，备有供避难者呼吸的供气设备（充满氧气的氧气瓶或压气管和减压装置）、隔离式自救器、药品和饮水等；设在采区安全出口路线上的避难硐室，距人员集中工作地点应不超过 500 m，其大小应能容纳采区全体人员。临时避难硐室是利用独头巷道、硐室或两道风门之间的巷道，由避灾人员临时修建的。所以，应在这些地点事先准备好所需的木板、木桩、黏土、砂子或砖等材料，还应装有带阀门的压气管。避灾时，若无构筑材料，避灾人员就用衣服和身边现有的材料临时构筑避难硐室，以减少有害气体的侵入。

在避难硐室内避难时应注意以下事项：

（1）进入避难硐室前，应在硐室外留有衣物、矿灯等明显标志，以便救护队发现。

（2）待救时应保持安静，不急躁，尽量俯卧于巷道底部，以保持精力、减少氧气消耗，避免吸入更多的有毒气体。

（3）硐室内只留一盏矿灯照明，其余矿灯全部关闭，以备再次撤退时使用。

（4）间断敲打铁器或岩石等发出呼救信号。

（5）全体避灾人员要团结互助、坚定信心。

（6）被水堵在上山时，不要向下跑出探望。水被排走露出棚顶时，也不要急于出来，以防二氧化硫、硫化氢等气体中毒。

（7）看到救护人员后，不要过分激动，以防血管破裂。

第二节 安全与文明生产知识

一、煤矿安全知识

（一）采区水灾防治

1. 井下水灾的原因及危害

了解矿井和采区透水的主要原因，防止发生井下水害事故，是矿井安全的一项重要工作。

1）井下发生水灾的主要原因

造成井下水灾的原因较多，主要原因有以下几方面：

（1）水文地质情况不清。若对断层的导水性、岩层的透水性、老窑积水分布、采空区塌陷情况等水文地质资料还没搞清，或未认真执行探放水制度就盲目进行施工，由于缺乏必要的预防措施，就有可能造成水灾。

（2）地面防洪、防水措施不当或防洪设施管理不善。当井口选择在低洼位置，一旦暴雨袭来，山洪暴发极易由井筒或塌陷裂缝涌入井下而造成淹井事故。

（3）技术管理上的失误。由于防水煤（岩）柱留设过小，或巷道位置测量错误，造成误穿积水区、导水通道而发生井下水灾事故。

（4）乱挖乱采。矿井无开采措施和计划，越界开采，一旦一矿受淹，殃及其他矿井。

（5）井下排水能力不足或设施管理不善。当井下发生大量涌水时，排水设备因能力不足或机电故障造成不能及时将水排出井外。另外，无防水闸门或防水闸门不能有效使用而发生矿井水灾。

（6）麻痹大意违章作业。如发现透水预兆却不采取果断措施仍违章蛮干，从而造成透水事故。

2）矿井涌水通道

造成矿井涌水，必须具备两个基本条件：首先要有一定量的水源；其次要沟通水源与井下巷道，即必须有把水源引入矿井的途径。各种水源涌入矿井的途径：地表松散的砂砾层和含水层露头、断层破碎带、采空区上方冒落带、封闭不良的导水钻孔、导水陷落柱等，都是矿井涌水的良好通道。地表水进入矿井的途径如图2－18所示。

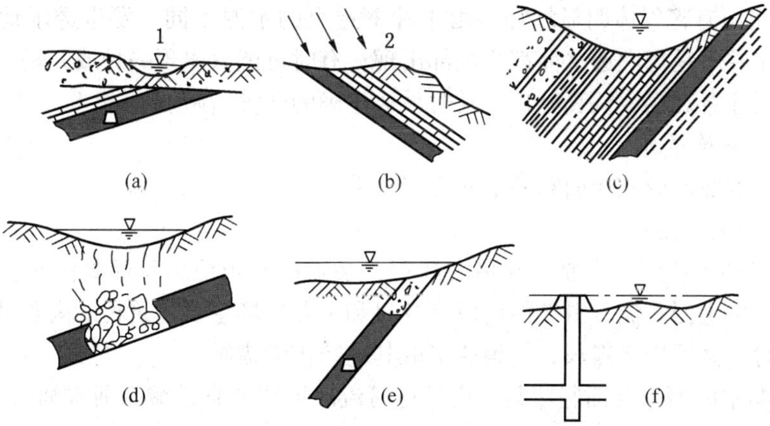

1—洪水位；2—降水

图2－18　地表水进入矿井的途径

3）井下水灾的危害

井下水灾是指矿井涌水超过正常排水能力时造成的灾害。矿井水灾是煤矿常见的主要灾害之一，主要危害有以下几方面：

（1）突然发生透水事故，不但影响矿井正常生产，而且有时还造成人员伤亡，淹没矿井和采区，危害十分严重。

(2) 影响煤炭质量和资源的回收。

(3) 损坏设备、器材和巷道。

(4) 使排水费用增加，降低企业经济效益。

2. 采区发生透水的预兆

煤层或岩层透水之前，一般都有一些征兆，井下工作人员都应熟悉发生透水事故前的预兆，以便及时采取防范措施，下面是一些常见的透水预兆：

(1) “挂红”。水内含有铁的氧化物在水压的作用下通过煤层或岩层裂缝，附着在裂缝表面，这是接近老空积水的征兆。

(2) “挂汗”。当工作面接近积水区时，新暴露出的地方有潮气或潮湿，则是透水征兆。

(3) 水的气味和颜色有变化。如果闻到工作面有臭鸡蛋味，用舌头尝渗出的水感到发涩，把水珠放在手指间摩擦会有发滑的感觉，就是采空区透水的预兆。如果有甜味，就是流沙层或断层水。石灰岩溶洞透出的水往往呈黄色、灰色并有臭味。

(4) 空气变冷。工作面接近大量积水时，气温骤然下降，人进入此处有阴冷的感觉，用手触摸煤壁时会感觉到发凉并可能出现雾气。但也要注意，有地热问题的矿井，地下水温高，当掘进工作面接近时，空气温度反而升高。

(5) 煤层发潮、发暗、无光泽，说明附近有积水。

(6) 顶板来压，底板鼓起并往外渗水，淋水增大，或出现压力水头。

(7) “水叫”。压力大的含水层或积水区向裂隙挤压时与两壁发生摩擦而发出“嘶嘶”的叫声，有时还可听到像低沉的雷声或开锅水声。

(8) 工作面有害气体明显增加。由于井下透水的水源不同，发生透水地点的环境各异，上述预兆并不是每次透水前都会全部出现，有时可能只出现一种或几种。因此，井下工作人员必须注意观察，认真分析，及时采取正确的防灾措施。

3. 水害的防治措施

矿井水害的防治应从地面和井下两方面入手。

1) 地面防治水措施

(1) 井口和工业广场主要建筑物的高程，必须高于当地历年最高洪水位，在山区还必须避开可能发生泥石流、滑坡的地段。井口和工业广场主要建筑物的高程低于当地历年最高洪水位时，必须修筑堤坝、沟渠或采取其他防排洪措施。

(2) 对漏水的河床要铺底堵漏，也可将河流改道或取直，减少河水涌入井下的可能。对于造成井下水害的采掘沉降区、塌陷区，可填堵陷坑，防止积水，也可疏通水路，安设排水设施，进行防洪和泄洪。

(3) 排到地面的井下水必须妥善处理，避免再次渗到井下。

(4) 容易积水的地点应修筑沟渠，排泄积水。

2) 井下防治水措施

(1) 井田内有与河流、湖泊、溶洞、含水层等有水力联系的导水断层、断裂带、陷落柱时，必须按规定留设防水煤（岩）柱，同时，合理选择矿井的开拓开采方法。

(2) 在有突水危险的地区，需在适当的位置修筑防水闸门等防水建筑物。当井下局部地方突然发生涌水时，关闭闸门，将水截于闸门之外，以免危及井下其他地方，减少水害范围，保证井下安全。

(3) 对有水害威胁的地点通过专门的疏、排水等措施进行疏放排水、降压，使含水层的水位和水压降低至安全值以下，防止出现水害事故。

(4) 井下探放水应坚持“预测预报、有疑必探、先探后掘、先治后采”的原则。为了预防水害事故，当巷道距含水体一定距离或在疑问区内掘进时，应先弄清积水区的基本情况，加固探水地点附近的巷道支架，清理巷道，挖好排水沟，有控制地将水排出。钻进时，应注意钻孔情况，发现异状必须停止钻进，进行检查，监视水情，报告矿调度室。

采掘工作面遇到下列情况之一必须探放水：

① 接近水淹或可能积水的井巷、老窑或相邻煤矿时。

② 接近含水层、导水断层、溶洞和导水陷落柱时。

③ 打开隔离煤柱放水时。

④ 接近可能与河流、湖泊、水库、蓄水池、水井等相通的断层破碎带时。

⑤ 接近有水的灌浆区时。

⑥ 接近其他有可能出水的地区时。

探水作业通常是探水与掘进相结合，即探水→掘进→探水，循环进行。

(5) 发现透水预兆，应及时汇报调度人员，迅速撤离到安全地点，严禁进行装药、爆破。

(6) 有些井下水灾，如果仅依靠排水措施不经济或无法奏效时，可通过注浆堵塞涌水通道，堵隔透水水源。

(二) 采区火灾防治

矿井和采区火灾一旦发生，轻则影响安全生产，重则烧毁煤炭资源和物资设备，造成重大人员伤亡，甚至引起瓦斯、煤尘爆炸，扩大灾害的程度和范围。

1. 矿井火灾的概念、分类及危害

凡是发生在矿井内或地面并威胁到井下安全生产的火灾均称为矿井火灾。

1）矿井火灾的分类

(1) 按引火热源分类。矿井火灾按引火热源的不同分为外因火灾和内因火灾。外因火灾是由于外来热源原因引燃可燃物造成的火灾，又称外源火灾。引起外因火灾的火源有明火、摩擦火、爆破火、电火等。内因火灾主要指煤炭自身接触空气氧化发热，因热量积聚达到着火温度而形成的火灾，也叫自燃火灾。

(2) 按可燃物分类。矿井火灾按可燃物不同，可分为煤炭自燃火灾、坑木燃烧火灾、火药燃烧火灾、机电设备火灾、瓦斯燃烧火灾、油料燃烧火灾等。

(3) 按着火地点分类：

矿井火灾按着火地点不同，可分为井筒火灾、巷道火灾、采煤工作面火灾、硐室火灾、采空区火灾、煤柱火灾等。

2）矿井火灾的危害

矿井火灾是煤矿主要灾害之一，它给煤矿井下安全带来很大的危害，主要表现为以下几方面：

（1）毁坏设备和资源。井下发生火灾时，温度常在1000 ℃以上，可烧毁昂贵的机电设备或使其被封闭在火区内。同时，自燃火灾不但会烧掉大量的煤炭资源，而且使大量的煤炭资源被冻结，直接影响正常生产。

（2）产生大量的有害气体。井下一旦发生火灾，煤炭燃烧会产生一氧化碳、二氧化碳、二氧化硫、烟尘等；坑木、橡胶、聚氯乙烯制品的燃烧会生成大量的一氧化碳、醇类、醛类以及其他复杂的有机化合物。烟气中带有大量的有毒有害气体，特别是一氧化碳，会使井下人员中毒或死亡。

（3）引起瓦斯、煤尘爆炸。井下火灾一方面使可燃物发生干馏作用，放出爆炸性气体；另一方面为矿井的瓦斯、煤尘提供了引爆热源。

（4）引起矿井风流紊乱，危害井下人身安全。

（5）扑灭火灾时要耗费大量的人力、物力、财力且扑灭火灾的人员生命难以保证；同时，火灾扑灭后的生产恢复仍需要很高的成本。

2. 外因火灾发生的原因及易发地点

外因火灾发生得比较突然、来势凶猛，如果发现处理不及时，可酿成恶性事故。

1）外因火灾发生的主要原因

井下发生火灾的条件是热源、可燃物、氧气三者同时存在。

（1）热源。热源主要有以下几种：

① 存在明火。主要因吸烟、电焊、火焊、喷灯焊及用电炉、大灯泡取暖等引燃可燃物而导致外因火灾。

② 出现电火花。主要是由于电气设备性能不良、管理不善，如电钻、电机、变压器、开关、插销、接线三通、电铃、打点器、电缆等出现损坏、过负荷、短路、漏电等，引起电火花，继而引燃可燃物。

③ 违章爆破。由于不按爆破作业规定和爆破说明书进行爆破，如裸露爆破、空心炮以及井下用动力电源爆破、不装水炮泥、倒掉药卷中的消焰粉、炮眼深度不够或最小抵抗线不符合《煤矿安全规程》规定等都可能导致引燃可燃物继而发生火灾。

④ 瓦斯、煤尘爆炸。因瓦斯、煤尘爆炸产生再生火源引起火灾。

⑤ 机械摩擦及物体相互碰撞。输送带打滑、机械摩擦、撞击、切割夹矸或顶板冒落等产生火花引燃可燃物，从而造成火灾。

（2）可燃物。可燃物主要是木棚、瓦斯、煤、油料、纸、棉纱、布头、输送带、电缆、各类机电设备等。这些物体一旦遇到火源，极易发生火灾。

（3）氧气。井下必须通风，有人工作的地方必须要有足够的氧气。

2）外因火灾的易发地点

外因火灾大多发生在机电硐室、井底车场、爆破作业地点、运输及回采巷道等机械电气设备比较集中且风流比较畅通的地点。这类火灾，刚开始若及时灭火，则比较容易扑灭。

3. 内因火灾的发火原因及易发地点

内因火灾的发生有一个或长或短的过程并且有预兆，利于人们早期发现。但其着火地点十分隐蔽，很难找到着火源，扑灭也较困难，有的火灾持续很长时间不灭，所以内因火灾的危害非常大。

1）内因火灾的发火原因

（1）煤炭自燃的条件：

① 煤层自身具有自燃倾向性。

② 煤炭呈碎裂状态堆积，吸氧和氧化能力增强。

③ 散热条件差，氧化产生的热量大量蓄积，难以及时扩散。

④ 连续有风流供氧，能维持煤的氧化过程不断发展。

（2）影响煤炭自燃的因素：

影响煤炭自燃的因素分为内在因素和外在因素。

内在因素是指煤的自燃倾向性，是煤炭发生自燃的基本条件。煤炭自燃的危险性不仅取决于煤的自燃倾向性，还取决于地质条件、开拓、开采和通风条件等外在因素。

① 开采条件。巷道布置不合理，系统复杂，通风阻力大；主要巷道都开在煤层中，裂隙多，漏风大；回采速度慢，采出率过低等都易造成煤炭自燃。

② 通风条件。主要表现在通风管理不善，采空区漏风大，引起遗煤或煤柱的氧化造成自燃。

③ 地质条件。一般说来，煤层越厚，倾角越大，回采时越不易采净，易遗留大量的残煤；地质条件复杂的地点，由于构造使煤层松软破碎、裂隙多、吸氧性强，易自燃。

（3）煤炭自燃的过程及特征：

煤炭自燃并非 3 个条件同时满足时，就立即自燃，而是需要一段发展过程。根据各个阶段不同的特点，可分为低温氧化阶段、自热阶段、燃烧阶段。

① 低温氧化阶段（潜伏期）。煤和空气接触，只发生表面氧化现象，煤重略有增加，煤的化学活泼性增强，而煤的着火温度降低。

② 自热阶段。经过潜伏期的煤，氧化速度加快，煤温逐渐升高，空气中氧含量降低，一氧化碳、二氧化碳含量增加。煤体中水分蒸发，空气温度升高。

③ 自燃阶段（自燃期）。经过自热期的煤，若温度继续升高，超过临界温度，煤的氧化急剧加快，产生大量热能，使煤体温度快速上升，当达到一定温度时，开始进入燃烧阶段。空气中出现烟雾和浓烈的火灾气味，甚至出现明火。

2）内因火灾的易发地点

内因火灾主要是煤炭自燃，常发生在以下地点：

（1）采空区，特别是遗煤较多的采空区，易发生煤的自燃。

（2）旧火区，当管理不严、防火密闭等漏风时，易引起火区复燃。

（3）容易自燃的厚煤层进行分层开采时，下分层工作面的进、回风巷周围是易自然发火的地点。

（4）采煤工作面上隅角留下的阶段保护煤柱，通常由于充填不满，煤柱受压破碎，形成无数裂隙，存在漏风，易发生煤炭自燃。

（5）掘进、回采过程中遇到的未充实的旧巷道、旧火区等存在漏风时也易发生煤炭自燃。

（6）采区水平巷道、采煤工作面的溜煤道和段间煤柱，由于处于应力叠加带，并且受采动影响和维修条件的限制，形成无数裂隙，因而易发生自燃。

（7）煤层巷道或采煤工作面的冒顶处。这些冒顶孔洞中遗留有碎煤且未进行预防性充填、灌浆，容易发生煤炭自然发火。

以上这些容易自然发火的地方多为风流不畅通的地点，刚开始时，很难发现，一旦形成火灾，扑灭难度较大。

3）煤炭自燃的预兆

人们可以通过人体感官和煤炭自燃初期的外部征兆来判断煤炭的自然发火。

（1）嗅觉。如果在巷道或采煤工作面闻到煤油、汽油、松节油或焦油气味，就表明风流上方某地点煤炭自燃已发展到自热后期，是火灾发生最可靠的征兆。

（2）视觉。如果巷道中温度较高、出现雾气或巷道周壁及支架上出现水珠（煤壁出汗），表明煤已经开始自热。但由于冷热空气汇合的地方、煤层注水防尘的地方也可能出现这类现象，因而需要根据具体情况认真观察，以作出正确判断。

（3）触觉。用手触摸煤壁或从煤壁涌出的水，若温度比以前高或较高，说明内部煤炭可能已自热或自燃。

（4）疲劳。当人员出现头痛、闷热、精神疲乏、呕吐、裸露皮肤微痛等不舒服的感觉时，说明所处位置附近的煤炭已进入了自然发火期，因为这些感觉都是由于煤在自燃过程中使空气中的氧含量减少、有害气体含量增加造成的。

4. 井下直接灭火

1）发现火灾时的行动原则

任何人发现井下火灾时，应视火灾性质、灾区通风和瓦斯情况，立即采取一切可能的方法直接灭火，控制火势，并迅速报告矿调度室。矿调度室接到井下火灾报告后应立即按灾害预防和处理计划通知有关人员组织抢救灾区人员并实施灭火工作。

2）灭火方法

对刚发生的火灾或火势不大时，要根据矿井自身条件和火灾情况来确定具体灭火方法。

直接灭火的方法有以下几种：

（1）用水灭火法。水是一种简单易行、经济、有效、来源广泛的灭火材料。水能浸湿物体表面，阻止继续燃烧，大量吸收热量，使燃烧物冷却，停止燃烧，产生的大量水蒸气具有冲淡空气中氧气浓度、使氧气与火源隔离、对火源起窒熄的作用。在井下凡能用水扑灭的火灾，应尽量用水灭火。这种方法适用于火势较小、范围不大，特别是发火初始阶段，在风流畅通，巷道支护牢固，火源附近瓦斯浓度低于2%的地方。

（2）挖除火源。挖除火源就是将刚刚出现且范围小、人员可以接近的火源挖出、清除并运出井外，这是扑灭矿井火灾最彻底的方法。采用这种灭火方法时，应防止瓦斯聚积、超限，防止遗留那些已经发热但还没有明火出现的火源，注意洒水降温。要保证灭火人员的安全，组织好力量，尽量在最短的时间内完成。

（3）砂子或岩粉灭火。该方法把砂子或岩粉直接撒盖在燃烧物体上隔绝空气使火熄灭的灭火方法。在火灾初期时，用砂子或岩粉可以直接撒盖在火源上，也可以用压气喷枪喷洒在火源上。砂子或岩粉覆盖火源后，将燃烧物与空气隔绝，使火熄灭。通常用于扑灭初起的电气设备火灾或油料火灾。所以，在炸药库、材料库和机电硐室等均应备砂箱或岩粉箱。

（4）泡沫灭火。灭火泡沫有两大类：空气机械泡沫与化学泡沫。空气机械泡沫就是用机械的方法（风机）将空气鼓入含有泡沫的水溶液而产生的泡沫，又称高倍数空气机械泡沫。化学泡沫灭火器一般分为泡沫式和酸碱式两类。适用于距采煤工作面、未封闭采空区较远的巷道火灾，也适用于电气和油料火灾。但如果煤壁的内部着火，用泡沫灭火就很难奏效。

（5）干粉灭火。该方法是以磷酸铵粉为主药剂，以炉灰为防潮防滞剂，以灭火手雷和喷粉灭火器为工具的灭火方法。对初起的矿井各类火灾均有良好的灭火效果。

3）用水直接灭火时的注意事项

用水直接灭火时由于人与火区距离较近，必须注意以下问题：

（1）要有足够的水源和水量。水量不足不仅难以灭火，而且还会贻误战机，造成火势扩大。同时，在高温下水可以生成具有爆炸性的氢气和助燃的氧气，带来新的危险。

（2）用水灭火时，灭火人员一定要站在火源的上风侧工作，并保持正常通风，以使高温烟气和水蒸气直接进入回风流中，防止烟气和水蒸气返回伤人。

（3）喷射水流应由火源的边缘逐渐地推向中心，千万不要直接把水喷在火源中心，以防产生大量的水蒸气飞出伤人。

（4）不能用水直接扑灭带电的电气设备火灾，防止救火人员触电；用水扑灭电气设备火灾时，首先要切断电源；在切断电源以前，只准使用不导电的灭火器材进行灭火。

（5）不宜用水扑灭油类火灾。因为油比水轻，而且不易与水混合，它总是浮在水的表面，可以随水流动而扩大火灾面积。

（6）注意检查火区附近的顶板、瓦斯、一氧化碳、煤尘及其他有害气体和风流的变化，采取防止瓦斯煤尘爆炸、烟流滚退和人员中毒的安全措施。

（三）采区瓦斯事故防治

1. 瓦斯的性质

1）矿井瓦斯

矿井瓦斯是指矿井中由煤层气构成的以甲烷为主的有害气体的总称。

矿井瓦斯是指甲烷、二氧化碳、氮气和数量不等的重烃以及微量的稀有气体的混合物，主要成分是甲烷。因此，习惯上所说的矿井瓦斯就是指甲烷。

2）瓦斯的性质

（1）瓦斯通常指甲烷（CH_4），甲烷是一种无色、无味、无臭的气体，难溶入水。在煤矿井下，必须使用专用的瓦斯检测仪才能测定出来。

（2）瓦斯相对密度为0.554。由于瓦斯比空气轻，故常积聚在巷道的顶部、上山巷道的上隅角及顶板冒落的空洞内。

（3）瓦斯的扩散性很强。瓦斯的扩散速度是空气的1.34倍，如果一处涌出瓦斯，会很快扩散到巷道附近。这样增加了检查瓦斯涌出源的困难并使瓦斯危害的范围扩大。

（4）瓦斯本身无毒，但不能供人呼吸。

（5）瓦斯不助燃，但与空气混合达到一定浓度后，遇高温火焰时能够燃烧或爆炸。

（6）瓦斯有很强的渗透性。在一定瓦斯压力和地压共同作用下，瓦斯能从煤（岩）层中向采掘空间涌出，甚至喷出或突出。

2. 瓦斯在煤体中的存在状态

煤层体是保存瓦斯的介质，瓦斯通常是以如下状态存在于煤体之中。

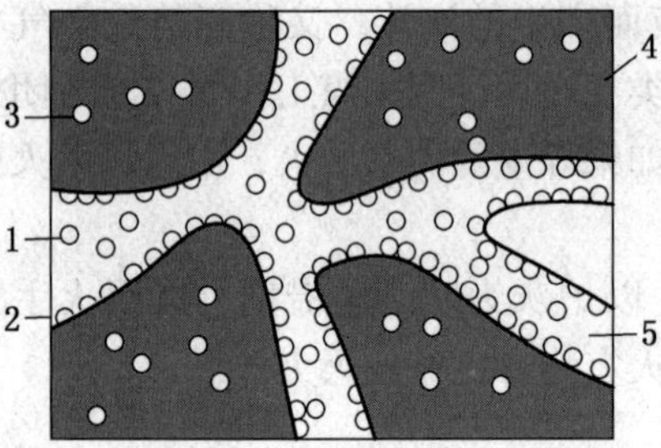

1—游离瓦斯；2—吸着瓦斯；
3—吸收瓦斯；4—煤体；5—孔隙

图2-19　煤层瓦斯赋存状态示意图

1）游离状态（也称自由状态）

这种状态的瓦斯是以自由气体的形式存在于煤体或围岩体的裂缝中，如图2-19所示。游离瓦斯可以自由运动或从煤（岩）层的裂隙中逸出来，呈现一定的压力。煤体内游离瓦斯的多少取决于储存空间的容积、外界压力及温度等因素。

2）吸附状态（也称结合状态）

按其结合形式的不同，又分为吸着状态和吸收状态。

（1）吸着状态。吸着状态是瓦斯在煤粒固体分子引力作用下，气体分子被吸着在煤体孔隙的内表面上，形成一层很薄的吸附层。

（2）吸收状态。吸收状态是瓦斯分子在较高的气体压力作用下，进入煤层结构内部与煤分子结合而呈现的一种状态，与气体溶解于液体相似。

游离状态与吸附状态的瓦斯并不是固定不变的，而是处于不断交换的动平衡状态。当压力降低、温度升高或煤体结构受到破坏时，部分吸附状态的瓦斯就转化为游离状态，这种现象叫解吸。反之，当压力增大或温度降低时，部分游离的瓦斯也会转化为吸附状态，这种现象叫吸附。

3. 矿井瓦斯涌出及危害

1）矿井瓦斯涌出概念

当开采煤层时，煤体受到破坏，储存在煤体内的部分瓦斯会离开煤体而涌入采掘空间，这种现象称为瓦斯涌出。

2）矿井瓦斯涌出的形式

矿井瓦斯涌出的形式一般分为普通涌出和特殊涌出两种。

3）矿井瓦斯涌出量

矿井瓦斯涌出量是指矿井在生产过程中实际涌进巷道或回采空间的瓦斯量。表示矿井瓦斯涌出量的方法有两种：一是绝对瓦斯涌出量，用 m^3/min 表示；二是相对瓦斯涌出量，用 m^3/t 表示。

4）矿井瓦斯等级的划分

《煤矿安全规程》规定，一个矿井中只要有一个煤（岩）层发现瓦斯，该矿井即为瓦斯矿井。瓦斯矿井必须依照矿井瓦斯等级进行管理。

根据矿井相对瓦斯涌出量、矿井绝对瓦斯涌出量、工作面绝对瓦斯涌出量和瓦斯涌出形式，矿井瓦斯等级划分为：

（1）低瓦斯矿井。同时满足下列条件的为低瓦斯矿井：①矿井相对瓦斯涌出量不大于10 m^3/t；②矿井绝对瓦斯涌出量不大于40 m^3/min；③矿井任一掘进工作面绝对瓦斯涌出量不大于3 m^3/min；④矿井任一采煤工作面绝对瓦斯涌出量不大于5 m^3/min。

（2）高瓦斯矿井。具备下列条件之一的为高瓦斯矿井：①矿井相对瓦斯涌出量大于10 m^3/t；②矿井绝对瓦斯涌出量大于40 m^3/min；③矿井任一掘进工作面绝对瓦斯涌出量大于3 m^3/min；④矿井任一采煤工作面绝对瓦斯涌出量大于5 m^3/min。

(3) 突出矿井。

5) 矿井瓦斯的危害

(1) 矿井瓦斯是一种有害气体，当井下空气中浓度较高时，会相对地降低空气中的氧气浓度，当氧气浓度降到12%以下时，人就会因缺氧窒息死亡。

(2) 当瓦斯与空气混合达到一定浓度时，遇火就会燃烧或爆炸。

(3) 瓦斯爆炸时伴生大量的有害气体。瓦斯爆炸后空气中的氧气含量仅为6%～10%、氮气为82%～88%、二氧化碳为4%～8%、一氧化碳为2%～4%，特别是一氧化碳，会造成大量人员中毒死亡。

(4) 瓦斯爆炸时产生高温、高压气体，并形成正、反向冲击波，毁坏设备，冲垮巷道，造成人员伤亡。

4. 瓦斯爆炸的条件

1) 瓦斯爆炸的基本条件

瓦斯是一种能够燃烧或爆炸的气体，当同时具备以下3个基本条件时，就会发生爆炸。

(1) 一定的瓦斯浓度。瓦斯爆炸浓度为5%～16%（按体积计算），当瓦斯浓度为9.5%时，爆炸威力最大。

(2) 引爆火源温度。一般650 ℃以上，且火源存在的时间大于瓦斯爆炸的感应期。

爆破火、明火、吸烟、电器火花、煤炭自燃甚至铁器撞击或摩擦产生的火花都能达到这个温度。

(3) 一定的氧气浓度。煤矿井下空气中氧气的浓度大于12%时，瓦斯才会爆炸；低于12%时，瓦斯即失去爆炸性。

2) 防止爆破工作引爆（燃）瓦斯

瓦斯爆炸是煤矿井下危害最大的事故，从根本上控制瓦斯爆炸事故的发生，是“一通三防”工作的重点。

防止爆破引燃、引爆瓦斯，一是要防止出现爆破火焰。爆破产生的火焰是最容易引起瓦斯爆炸的火源之一。因此，爆破工必须严格执行“一炮三检”和“三人连锁爆破”制度；严禁裸露爆破；应使用合格的煤矿许用爆炸材料和爆破器材，禁止使用变质炸药；合理布置炮眼，最小抵抗线不能过小，避免产生炮震裂缝而造成“走后门”现象；装药时，一定要清除炮眼内的煤粉，不装盖药、垫药；严禁用可燃性材料、无塑性的材料做炮泥封孔；封泥长度必须符合作业规程的规定；连线时，严禁使用明接头和裸露爆破母线。二是防止出现电火花。爆破工严禁在井下拆开、敲打、撞击发爆器、矿灯的灯头和灯盖等。三是煤矿许用炸药在满足井下爆破能力的前提下，设法降低爆温，提高爆轰性能，实现零氧平衡，杜绝此类事故的发生。

5.《煤矿安全规程》对井下风流中瓦斯浓度的规定

(1) 采区回风巷、采掘工作面回风巷风流中甲烷浓度超过1.0%或二氧化碳浓度超过1.5%时，必须停止工作，撤出人员，采取措施，进行处理。

(2) 采掘工作面及其他作业地点风流中甲烷浓度达到1.0%时，必须停止用电钻打眼；爆破地点附近20 m以内风流中甲烷浓度达到1.0%时，严禁爆破。

采掘工作面及其他巷道内，体积大于0.5 m^3 的空间内积聚的甲烷浓度达到2%时，附近 20 m 内必须停止工作，撤出人员，切断电源，进行处理。

对因甲烷浓度超过规定被切断电源的电气设备，必须在甲烷浓度降到 1.0% 以下时，方可通电开动。

（3）采掘工作面风流中二氧化碳浓度达到 1.5% 时，必须停止工作，撤出人员，查明原因，制定措施，进行处理。

（4）矿井必须从设计和采掘生产管理上采取措施，防止瓦斯积聚；当发生瓦斯积聚时，必须及时处理。当瓦斯超限达到断电浓度时，班组长、瓦斯检查工、矿调度员有权责令现场作业人员停止作业，停电撤人。

矿井必须有因停电和检修主要通风机停止运转或者通风系统遭到破坏以后恢复通风、排除瓦斯和送电的安全措施。恢复正常通风后，所有受到停风影响的地点，都必须经过通风、瓦斯检查人员检查，证实无危险后，方可恢复工作。所有安装电动机及其开关的地点附近 20 m 的巷道内，都必须检查瓦斯，只有甲烷浓度符合本规程规定时，方可开启。

临时停工的地点，不得停风；否则必须切断电源，设置栅栏、警标，禁止人员进入，并向矿调度室报告。停工区内甲烷或者二氧化碳浓度达到 3.0% 或者其他有害气体浓度超过本规程第一百三十五条的规定不能立即处理时，必须在 24 h 内封闭完毕。

恢复已封闭的停工区或者采掘工作接近这些地点时，必须事先排除其中积聚的瓦斯。排除瓦斯工作必须制定安全技术措施。

严禁在停风或者瓦斯超限的区域内作业。

（5）局部通风机因故停止运转，在恢复通风前，必须首先检查瓦斯，只有停风区中最高甲烷浓度不超过 1.0% 和最高二氧化碳浓度不超过 1.5%，且局部通风机及其开关附近 10 m 以内风流中的甲烷浓度都不超过 0.5% 时，方可人工开启局部通风机，恢复正常通风。

停风区中甲烷浓度超过 1.0% 或者二氧化碳浓度超过 1.5%，最高甲烷浓度和二氧化碳浓度不超过 3.0% 时，必须采取安全措施，控制风流排放瓦斯。

停风区中甲烷浓度或者二氧化碳浓度超过 3.0% 时，必须制定安全排放瓦斯措施，报矿总工程师批准。

在排放瓦斯过程中，排出的瓦斯与全风压风流混合处的甲烷和二氧化碳浓度均不得超过 1.5%，且混合风流经过的所有巷道内必须停电撤人，其他地点的停电撤人范围应当在措施中明确规定。只有恢复通风的巷道风流中甲烷浓度不超过 1.0% 和二氧化碳浓度不超过 1.5% 时，方可人工恢复局部通风机供风巷道内电气设备的供电和采区回风系统内的供电。

6. 局部瓦斯积聚

1）局部瓦斯积聚的概念

局部瓦斯积聚是指体积在 0.5 m^3 以上的空间内瓦斯浓度达到 2%。

2）易发生局部瓦斯积聚的地点

凡井下瓦斯涌出量较大，通风不良或风流达不到的地点，都极易发生局部瓦斯积聚，主要地点有：采煤工作面上隅角、刮板输送机底槽内、顶板冒落的空洞、风速低的巷道顶板附近、临时停风的掘进工作面、盲巷、采煤工作面接近采空区的边界、水采工作面和采煤机械风流不畅的地点，都易积聚瓦斯。

3）瓦斯积聚的危害

在煤矿井下，一旦发生瓦斯积聚，如不及时采取措施，当遇到点燃火花时，极易造成瓦斯燃烧或爆炸；另外，瓦斯积聚的地点，瓦斯达到一定浓度后，人员进入容易发生窒息事故。瓦斯积聚的地点是井下安全生产的隐患，一旦发现，应及时采取措施进行处理。

7. 煤与瓦斯突出

1）煤与瓦斯突出的概念

在地应力和瓦斯的共同作用下，破碎的煤和瓦斯由煤体内突然抛向采掘空间的现象，称为煤与瓦斯突出。

2）煤与瓦斯突出的危害

（1）发生煤与瓦斯突出时能使采掘工作面或井巷中充满瓦斯，造成窒息和爆炸条件。

（2）能破坏通风系统，造成通风系统紊乱或风流短时间逆转。

（3）能堵塞巷道、破坏支架、埋没设备、摧毁设施，并造成人员伤亡。

3）煤与瓦斯突出的预兆

绝大多数的突出，在突出发生前都有预兆，突出预兆可分为有声预兆和无声预兆。

（1）有声预兆。响煤炮，支架发出劈裂折断声。

（2）无声预兆。煤层结构构造发生变化，地压显现，瓦斯涌出异常，空气温度异常。

上述突出预兆并非每次突出时都同时出现，可能只出现其中的一种或几种预兆。

（四）采煤工作面的顶板事故防治

顶板事故是指在地下采煤过程中，因为顶板意外冒落造成人员伤亡、设备损坏、生产中止等事故。在采用综采工艺前，顶板事故在煤矿事故中占有很大比例，高达75%。随着液压支架的使用及对顶板事故的研究和预防技术的深入和逐步完善，顶板事故所占的比例有所下降，但仍然是煤矿生产的主要灾害之一。随着开采深度的增加、巷道断面的加大等，工作面与巷道的顶板事故预防更加重要。

1. 顶板的分类

由于岩性和岩层厚度等不同，在回采过程中岩层破裂、冒落的情况也不一样。为此，按顶板与煤层相对位置及垮落难易程度，可将煤层顶板分为伪顶、直接顶和基本顶。煤层的顶底板岩层如图2－20所示，直接顶的初次垮落如图2－21所示。

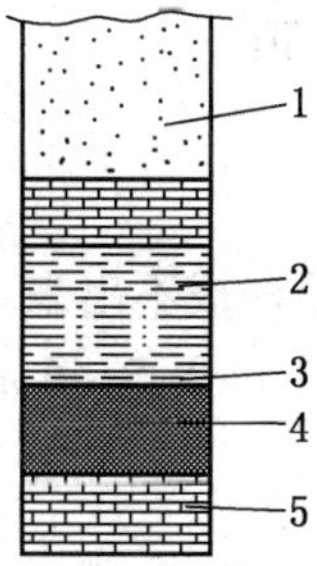

1—基本顶；2—直接顶；3—伪顶；
4—煤层；5—底板岩层

图2－20 煤层的顶底板岩层

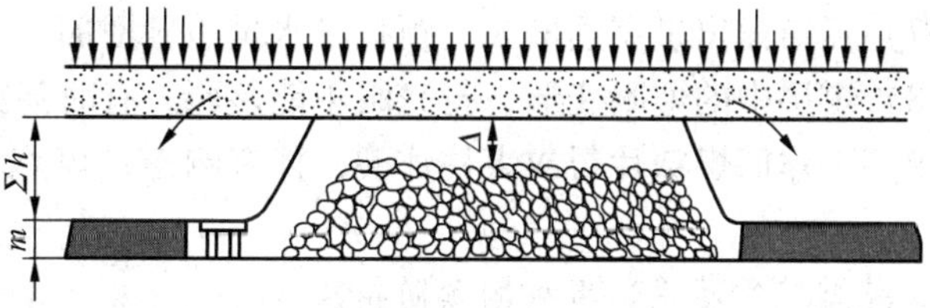

图2－21 直接顶的初次垮落

有些煤层同时具有伪顶、直接顶和基本顶，但有的煤层只有直接顶而没有伪顶和基本顶，也有的煤层没有伪顶、直接顶，煤层上面就是基本顶。

2. 采煤工作面冒顶类型

采煤工作面冒顶按冒顶范围，可分为局部冒顶和大型冒顶两类；按冒顶事故的力学原因，可分为压垮型冒顶事故、漏垮型冒顶事故和推垮型冒顶事故3类。不管哪一种冒顶事故，只要人们采取有效措施，注意其冒顶前的预兆，顶板冒顶事故是可以预防的。

3. 采煤工作面易发生的冒顶

1）局部冒顶易发地点

局部冒顶易发地点是指靠近煤壁附近的局部地点，采煤工作面两端的局部地点，放顶线附近的地点，地质破碎带附近的局部地点。局部冒顶范围不大，有时只在3~5架范围内；伤亡人数不多，一般1~2人，但局部冒顶事故次数远多于大型冒顶事故，约占采煤工作面冒顶事故的70%，总的危害比较大。

2）大型冒顶

大型冒顶是指范围较大，伤亡人数较多（每次伤亡3人以上）的冒顶。它包括基本顶来压时的压垮型冒顶、厚层难冒顶板大面积冒顶、直接顶导致的压垮型冒顶、大面积漏垮型冒顶、复合顶板推垮型冒顶、金属网下推垮型冒顶、大块游离顶板旋转推垮型冒顶、采空区冒矸冲入采煤工作面的推垮型冒顶及冲击推垮型冒顶等。这些冒顶可以发生在整个采煤工作面，也可以发生在采煤工作面的部分地点。

4. 顶板冒落前的预兆

顶板冒落前的预兆如下：

（1）顶板破裂，出现掉碴现象，且掉碴越来越多，说明顶板压力越来越大，这是发生冒顶的危险信号。

（2）随着顶板下沉断裂，顶板压力急增，支柱载荷急剧增大，支架发出很大的响声；底软时，支柱钻底严重；有时也可听到采空区内顶板发生断裂的闷雷声。

（3）顶板出现裂缝，靠近煤壁的顶板断裂，裂缝不断加深加宽，严重时顶板可能掉矸。

（4）敲帮问顶时，出现沉闷的咚咚声，说明上下岩层之间已经脱离，顶板出现了离层，随时都有冒落的可能。

（5）大冒顶之前，破碎的伪顶或直接顶，有时因背顶不严或支架不牢固而出现漏顶现象，造成棚顶托空，支架松动，顶板岩石继续冒落，最终引起冒顶。

（6）煤层变得松软，片帮煤增多。

（7）瓦斯涌出量突然增大，顶板淋水量明显增加。

（8）煤层中的炮眼变形，打完眼不能装药，有时甚至打眼后钻杆拔不出来。

（9）工作面煤壁片帮或煤柱炸裂，伴有响声；煤炮增多，甚至每隔5~6 min就会响一次。

5. 采煤工作面冒顶事故的预防措施

1）大型冒顶事故的预防

（1）顶板大面积切顶冒顶预防。坚硬难冒顶板大面积切顶冒顶又称为大面积来压，是指采空区内大面积悬露的坚硬顶板在短时间内突然塌落而造成的大型顶板事故。

防止和减弱大面积切顶冒顶危害的具体做法如下：

① 顶板高压注水。注水后岩石的强度将显著降低。

② 强制放顶。用爆破的方法人为地将顶板切断，使顶板冒落一定厚度形成矸石垫层，切断顶板可以控制顶板的冒落面积，减弱顶板冒落时产生的冲击力。

（2）基本顶来压时的压垮型冒顶预防。压垮型冒顶是指因工作面支护不足和顶板来压引起支架大量压坏而造成的冒顶事故。预防方法如下：

① 使采煤工作面支架的初撑力能平衡垮落带直接顶及基本顶岩层的重量。

② 使采煤工作面支架的初撑力能保证直接顶与基本顶之间不离层。

③ 使采煤工作面支架的可缩量能满足断裂带基本顶下沉的要求。

④ 普采工作面遇到平行工作面的断层时，在断层范围内要及时加强工作面支护，不得采用正常办法回柱。

⑤ 普采工作面要扩大控顶距，并用木支柱替换金属支柱，待断层进行到采空区后再回柱。

⑥ 工作面支护是自移液压支架，若支架的工作阻力有较大的富裕，工作面可以正常推进；若支架的工作阻力不够富裕，则工作面与断层斜交过断层。

⑦ 进行常规矿压观测和顶板来压预报，严格执行敲帮问顶及各项顶板控制制度，克服麻痹大意的思想。

（3）破碎顶板大面积漏垮型冒顶预防。由于煤层倾角大，直接顶又易破碎，工作面支护不及时，在某个局部地点发生冒漏，破碎顶板就可能从这个地方开始沿工作面往上全部漏空，造成支架失稳，导致漏垮型工作面冒顶。预防漏垮型冒顶的措施如下：

① 选用合适的支柱，使工作面支护系统有足够的支撑力和可缩量。

② 顶板必须背严实。

③ 严禁爆破、移溜等工序使支架倾倒，防止出现局部冒顶。

（4）复合顶板推垮型冒顶的预防。推垮型冒顶是指因水平推力作用使工作面支架大量倾斜而造成的冒顶事故。

复合顶板是指采煤后特别容易离层的顶板第一个分层。其厚度通常在 0.5 ~ 3.0 m 之间，在开采时，容易形成离层、断裂，导致冒顶。预防措施如下：

① 应用伪俯斜工作面并使垂直工作面方向的向下倾角达 4° ~ 6°。

② 掘进上下平巷时不破坏复合顶板。

③ 工作面初采时不要反推。

④ 控制采高，使软岩层冒落后能超过采高。

⑤ 尽量避免上下平巷与工作面斜交。

⑥ 在开切眼附近控顶区内，系统地布置树脂锚杆。

⑦ 灵活地应用戗棚，使它们迎着岩体可能推移的方向支设。

⑧ 提高单体支柱的初撑力和刚度。

⑨ 提高支架的稳定性，用拉钩式的连接器把每排支柱从工作面上端至工作面下端连接起来。

（5）金属网下推垮型冒顶预防。金属网下推垮型冒顶的全过程分为两个阶段。第一是形成网兜阶段，第二是推垮工作面阶段。第一阶段的形成往往是因工作面内某位置支护失效导致的。如果周围支架的稳定性很好，一般不会发展到第二阶段。

主要预防措施如下：

① 提高支柱初撑力及增加支架的稳定性。生产实践表明，由于支柱初撑力低，导致产生高度超过 150 mm 的网兜时，可能引发网下推垮型冒顶。防止这类冒顶事故的主要措施是提高支柱初撑力及增加支架的稳定性，也可附加其他一些措施。

② 回采下分层时用内错式布置开切眼，避免金属网上碎矸之上存在空隙。

③ 用“整体支架”增加支柱稳定性。如金属支柱铰接顶梁加拉钩式连接器的整体支护、金属支柱铰接顶梁加倾斜木梁对接棚子的整体支护、金属支柱与十字铰接顶梁组成的整体支护。

④ 用伪俯斜工作面，增加抵抗下推的阻力。

⑤ 初次放顶时要把金属网下放到底板。

2）局部冒顶事故的预防

（1）支护方式与顶板岩性要相适应，不同岩性的顶板要采用不同的支护方式，确定合理的控顶距、排距和柱距，是防止发生冒顶的重要措施之一。

（2）采煤后要及时支护，防止顶板悬露面积过大。

（3）合理布置炮眼，装药量要适当，炮道应有足够的宽度，防止爆破崩掉棚子。一旦崩掉棚子，必须及时架设，不许空顶。

（4）工作面遇到断层时，应及时加强支护，爆破作业时应避免对顶板震动过大，防止断层处出现漏顶现象。

（5）顶板必须背严背实，防止出现漏顶现象。

（6）采用正确的回柱方法，防止顶板压力向局部支柱集中，造成局部顶板破碎及回柱工作的困难。

6. 处理冒顶事故时的安全注意事项

发生冒顶事故后，顶板的完整性遭到破坏，应力会出现新的不平衡，随时都有再冒落的危险，因此，处理时应注意以下事项：

（1）处理冒顶时，必须有安全措施、严格处理的方法和程序。

（2）接近冒顶区，首先要观察顶板的动静，如果仍有矸石不断冒落，不得进入冒顶区作业。

（3）顶板没有矸石落下后，应先加固冒顶附近的支架，然后根据冒顶的大小情况，进行接顶。接顶时，应有专人观察顶板情况，并有防矸石砸人措施。

（4）在冒顶未处理完以前，冒顶处附近不得爆破作业，防止爆破时产生的震动，造成更大的冒顶事故。

（五）采煤工作面的煤尘爆炸防治

1. 矿尘的概念、产生及其危害

矿尘是指在煤矿生产和建设过程中所产生的各种岩矿微粒，又称粉尘。矿尘包括煤尘和岩尘。由于它们的存在状态不同，把悬浮在空气中的粉尘称为浮尘，沉落下来的粉尘叫落尘，浮尘和落尘是相对的，可以互相转化。另外，把直径小于 5 μm 的矿尘称为呼吸性粉尘，这类粉尘能进入人体肺部，导致尘肺病。

1）矿尘的产生

在煤矿井下，矿尘的绝大部分来源于采掘、装卸、转运等生产过程中的次生矿尘，而原生矿尘只占极少部分。

原生矿尘是由于煤（岩）层受地质构造或采场支撑压力的作用破裂而产生的。

次生矿尘是由于生产过程造成煤（岩）体的破碎或扬起而产生的。例如打眼、爆破、装载、支护、运输、提升等过程中，都会产生大量的次生矿尘。

2）矿尘产生量的主要影响因素

矿尘产生量的主要影响因素有：

（1）地质构造复杂，断层和裂隙发育，开采时产尘量增大。

（2）煤层的厚度和倾角越大，采掘过程中产生的煤尘量就越大。

（3）煤、岩层的物理性质因素。由于原生矿尘存在于煤（岩）体的层理、节理和裂隙之中，在采掘过程中随煤（岩）体的采落和破碎而进入采矿空间。一般层理、节理发育，脆性大，结构疏松，水分低的煤（岩）体易产生粉尘。

（4）采煤工作面的机械化程度、有无防尘消尘措施和开采强度因素。机械化程度高，开采强度大的连续开采，产生的矿尘量较大；炮采、炮掘时，在爆破过程会产生较多的粉尘，而在其他工序则相对较少。

（5）采煤方法截煤工艺及放顶煤开采产尘量较大。

（6）作业环境温度越高、环境越干燥、风速越大越容易产生矿尘。

（7）工序中干式打眼、装运岩、割煤（爆破）等产尘较多。

对煤尘而言，一般每昼夜所产生的煤尘量约等于产煤量的0.25%～1.0%，有时高达3%。矿尘的产生量随着煤岩特性、煤层赋存条件、地质情况、采煤方法等不同而变化。

3）矿尘的危害

煤矿粉尘的危害性主要表现在以下几个方面：

（1）对人体的危害，可使矿工患尘肺病。尘肺病是煤矿井下职工长期吸进含有矿尘的空气引起的肺部纤维增生性疾病。尘肺病分硅肺、煤肺和煤硅肺3类。人的肺部长期吸入矿尘，轻者会引起皮肤发炎、角膜炎、上呼吸道发炎等，重者会引起尘肺病。

（2）粉尘中的煤尘在一定条件下，会燃烧或爆炸。爆炸后可产生大量的一氧化碳，其浓度一般为2%～3%，最高可达8%～10%，这是造成大量人员中毒死亡的主要原因。另外，爆炸产生高温、高压气体和冲击波，可损坏设备、推倒支架、毁坏巷道，并将积尘扬起，造成二次、三次的连续爆炸。连续爆炸是煤尘爆炸的一个重要特征，它使矿井遭受严重破坏。

（3）作业场所粉尘过多，污染劳动环境，影响视线，影响效率，不利于及时发现事故隐患，容易引起伤亡事故。

（4）煤尘对爆破安全的危害。爆破一方面扬起沉积的煤尘，另一方面产生新的煤尘，极易使空气中煤尘达到爆炸浓度。此外，井下违章裸露爆破，也容易扬起大量的煤尘，加上裸露爆破产生的爆破火，可导致煤尘爆炸，危害极大。

另外，粉尘还会影响设备安全运行，加速设备的磨损，对矿区周围的生态环境、生活环境造成严重破坏。

2. 煤尘爆炸性及预防

1）煤尘具有爆炸性的原因

煤尘具有爆炸性原因如下：

（1）煤被碎裂为细小颗粒后，其表面积大大增加，氧化能力显著增强。

（2）煤尘受热后能分解放出大量可燃气体。

（3）煤尘表面能吸附氧气。

2）煤尘爆炸必须同时具备的条件

煤尘爆炸必须同时具备的条件如下：

（1）煤尘本身具有爆炸性。

（2）高温热源。煤尘爆炸的引燃温度变化大约在 610 ~ 1050 ℃之间。爆破时出现的火焰能点燃煤尘。

（3）空气中氧浓度大于 17%。

（4）悬浮的空气中煤尘达到一定的浓度。煤尘爆炸下限为 45 g/m^3，上限为 1500 ~ 2000 g/m^3，爆炸力量最强的煤尘浓度为 300 ~ 400 g/m^3。

上述 4 个条件缺少任何一个都不能引起煤尘爆炸。

3）影响煤尘爆炸的主要因素

影响煤尘爆炸的因素是多方面的，主要有以下几方面：

（1）煤的挥发分。它对煤尘爆炸起着十分重要的作用。一般来说，煤的可燃挥发分含量越高，煤尘越容易发生爆炸，爆炸威力也就越大。而且，挥发分越高，煤尘爆炸下限浓度越低，更易爆炸。一般挥发分含量大于 10% 的煤尘，都具有爆炸性。

（2）煤的灰分。煤尘的灰分是不燃物质，能吸收煤尘燃烧时放出的能量，起到降温阻燃的作用。所以，灰分越高，煤尘爆炸性越低，但灰分较少时，对煤尘的爆炸性影响不显著。

只有灰分达到 30% ~40% 时，煤尘爆炸性才显著减弱。

（3）煤尘水分。煤的水分在尘粒之间起着黏结作用，可降低尘粒的飞扬能力，同时起到吸热降温和阻燃的作用。但煤尘的水分对减弱爆炸的作用是极其微小的，即使煤尘水分含量达到 25% 已呈稠泥状，仍能参与强烈爆炸。

（4）含硫量。煤炭中含硫量越高，煤尘越容易爆炸。

（5）煤尘粒度。煤尘的爆炸性与其粒度关系较大，粒径小于 1 mm 的煤尘一般都能参与爆炸，但煤尘爆炸的主体是直径 10 ~ 75 μm 的煤尘。粒径越小，爆炸性虽越强，但粒度过小反而会失去爆炸性。

（6）空气中的瓦斯浓度和含氧量。瓦斯具有爆炸性，当瓦斯混入含煤尘的空气中时，会相应地降低各自的爆炸下限，混入的瓦斯浓度越高，煤尘爆炸下限越低。

（7）空气中的含氧量。空气中的含氧量对煤尘爆炸也有很大的影响，氧气含量越高，点燃煤尘的温度就越低，爆炸威力也就越大。反之，氧气浓度越低，点燃煤尘温度就要高一些。

当空气中氧气浓度小于 17% 时，煤尘就不再爆炸。但爆炸一旦发生，则不再受空气中氧气含量的影响。

（8）引爆火源与爆炸环境。引爆火源的初始温度越高，不仅容易引爆煤尘，而且引爆时的强度也大。反之，点燃初始温度越低，煤尘发生爆炸的可能性越小。

（9）煤尘的浓度。煤尘只有在爆炸界限之内才能爆炸。

此外，爆炸地点的空间形状和大小、断面变化情况、空间内的障碍物、湿度、巷道的长短、拐弯情况等都对爆炸的强度和发展有较大的影响。

4）预防煤尘爆炸的措施

预防煤尘爆炸的措施主要有：

（1）减尘、降尘。

（2）防止引燃煤尘。

（3）限制爆炸范围扩大，如设置岩粉棚或水槽棚等。

二、文明生产知识

（一）现场文明生产要求

1. 综合防尘

（1）采取湿式钻眼，干式钻眼时有捕尘措施。

（2）采取冲洗岩帮、装岩洒水降尘措施。

（3）使用水炮泥，喷雾降尘，巷道内有风流净化装置。

（4）粉尘浓度较大时，作业人员佩戴个人防护用品。

2. 巷道整洁

（1）巷道内无杂物，无淤泥积水。

（2）浮煤（矸）不超过轨枕上平面，水沟畅通。

（3）材料工具码放整齐，挂牌管理。

（4）管线吊挂整齐，符合作业规程规定。

3. 安全设施

（1）上下山安全设施齐全、有效，责任到人，安全设施和躲避硐位置符合《煤矿安全规程》规定。

（2）掘进迎头有瓦斯探头，高瓦斯矿井及有煤尘爆炸危险的煤巷掘进工作面应按《煤矿安全规程》规定设置隔（抑）爆设施。

（3）采用锚杆支护的煤巷必须对顶板离层进行观测。

4. 顶板控制

（1）掘进头控顶距符合作业规程规定，严禁空顶作业。

（2）临时支护形式必须按作业规程要求执行。

（3）杜绝锚杆穿皮现象。

（4）锚喷支护要坚持初喷护顶浆。

（5）架棚支护巷道必须使用拉杆或撑木，炮掘工作面距迎头 10 m 内必须采取加固措施。

5. 爆破管理

（1）引药制作、火工品存放符合规程规定。

（2）爆破撤人距离和警戒设置符合作业规程要求。

（3）爆破工持证上岗，爆破作业符合《煤矿安全规程》规定。

6. 施工图板管理

（1）作业场所有规范的符合现场实际的施工作业图板。

（2）图板图文标注清晰、准确、保护完好。

（3）现场作业人员熟知图表内容。

（二）劳动保护知识

1. 煤炭行业主要职业危害

在煤炭行业中，主要的职业危害因素有煤矿井下生产性粉尘、有害气体、生产性噪声和震动、不良气候条件和放射性物质。

2. 职业危害

1）工伤

工伤就是因工受伤。这种职业伤害可以轻微，可以严重，可以造成终身伤害，也可造成死亡。发生工伤的原因很多，除了上述职业危害因素外，工人缺乏安全生产知识和不注意防护也是造成工伤的因素之一。

2）职业病

在生产劳动过程中，由职业危害因素引起的疾病称为职业病。但是，目前所说的职业病是国家明文规定列入职业病名单的疾病，称为法定职业病。我国 1987 年公布的法定职业病范围共有十大类 132 种。尘肺病是我国煤炭行业主要的职业病，煤矿工人尘肺病累计总数居全国各行业的首位。

3）工作相关疾病

工作相关疾病与职业危害因素相关，但职业危害不是工作相关疾病发生的直接原因，仅是导致发病的因素之一。

3. 主要劳动保护措施

（1）煤矿企业必须加强职业危害的防治与管理，做好作业场所的职业卫生和劳动保护工作。采取有效措施控制粉尘、有毒有害气体的危害，保证作业场所符合国家职业卫生标准。

（2）作业场所空气中粉尘（总粉尘、呼吸性粉尘）浓度应符合要求。

（3）煤矿企业必须按国家规定对生产性粉尘进行监测。

（4）作业场所的噪声不应超过 85 dB（A）。大于 85 dB（A）时，需配备个人防护用品；大于或等于 90 dB（A）时，还应采取降低作业场所噪声的措施。

（5）矿区水源和供水工程应保证矿区工业用水量，其水质应符合国家卫生标准。

（6）煤矿企业必须按国家规定对生产性毒物、有害物理因素等进行定期监测。

（7）煤矿企业必须按国家有关法律、法规的规定，对新入矿工人进行职业健康检查，并建立健康档案；对接尘工人的职业健康检查必须拍胸大片。

（8）对有职业病者定期进行复查。

（9）患有不适于从事井下工作的其他疾病病人，不得从事井下工作。

（10）粉尘、毒物及有害物理因素超过国家职业卫生标准的作业场所，除采取防治措施外，作业人员必须佩戴防尘或防毒等个体劳动防护用品。

第三节　煤矿安全生产标准化知识

一、煤矿安全生产标准化的意义

煤矿安全生产标准化强调安全生产的规范化、制度化、标准化、科学化、法制化，是煤矿企业的基础工程、生命工程和效益工程。煤矿安全生产标准化融合了安全风险分级管控与隐患排查治理，是构建煤矿安全生产长效机制的重要措施，是我国煤炭行业经过多年实践探索，逐步发展形成的一整套安全生产管理体系和方法。

二、煤矿安全生产标准化的考核定级

煤矿安全生产标准化管理体系分为一级、二级、三级，一级的由国家矿山安全监察局组织考核定级，二级、三级的由省级主管部门考核定级。煤矿取得安全生产标准化管理体系相应等级后，考核定级部门每 3 年进行一次复查复核。

三、煤矿安全生产标准化的考核内容

井工煤矿安全生产标准化管理体系的考核内容包括：理念目标和矿长安全承诺、组织机构、安全生产责任制及安全管理制度、从业人员素质、安全风险分级管控、事故隐患排查治理、质量控制（通风、地质灾害防治与测量、采煤、掘进、机电、运输、调度和应急管理、职业病危害防治和地面设施）、持续改进等方面的内容。

四、安全生产标准化对一般从业人员的要求

（1）从业人员要认真学习安全生产标准化的相关知识，掌握安全生产标准化对自己岗位的具体要求，积极参加师徒结队、技术比武、岗位练兵等活动，提升自己的岗位技能，为安全生产标准化建设达标与持续改进打好基础。

（2）上标准岗、干标准活。对每道工作程序都按操作规程做到工序到位、行为规范、操作熟练，生产达标。

（3）积极参加技术创新活动。围绕安全生产、安全标准化建设开展技术改革和创新，为区队安全生产达标作出贡献。

（4）改变安全观念，文明生产。变“要我安全”为“我要安全、我会安全”，真正成为安全管理的主人，杜绝“三违”现象发生，确保安全生产。自觉维护作业场所的整洁和卫生，爱护环境，文明生产。

第四节 相关法律、法规知识

一、煤矿安全生产法律法规体系

按照我国《立法法》规定的法律渊源体系，我国煤矿安全法律法规体系主要由 4 个部分组成：①全国人大及其常务委员会颁布的关于安全生产的法律；②国务院颁布的关于安全生产的行政法规；③省、自治区、直辖市人大及其常务委员会颁布的关于安全生产的地方性法规；④国务院部委、省级人民政府和较大的市人民政府发布的关于安全生产的部门规章和地方政府规章。

经过多年的努力，我国已基本形成了煤矿安全法律法规体系，主要包括以下内容：

（1）《宪法》。《宪法》规定，国家通过各种途径，加强劳动保护，改善劳动条件。

（2）法律。法律由全国人大或全国人大常委会制定，由国家主席签署主席令予以公

布，如《安全生产法》《矿山安全法》《煤炭法》《职业病防治法》《刑法》等。

（3）行政法规。国务院根据宪法和法律制定的规范性文件，由总理签署国务院令予以公布，如《煤矿安全生产条例》《国务院关于特大安全事故行政责任追究的规定》《煤炭生产许可证管理办法》《安全生产许可证条例》等。

（4）地方性法规。地方性法规包括省、自治区、直辖市的地方性法规和较大的市的地方性法规。前者是由各省、自治区、直辖市人民代表大会及其常委会根据本行政区域的具体情况和实际需要在不与宪法、法律、行政法规相抵触的前提下制定的规范性文件；后者是由较大的市的人民代表大会及其常委会根据本市的具体情况和实际需要在不与宪法、法律、行政法规和本省、自治区的地方性法规相抵触的前提下制定的规范性文件。所谓较大的市是指省、自治区的人民政府所在地的市、经济特区所在地的市和经国务院批准的较大的市。

（5）部门规章和地方政府规章。部门规章和地方政府规章主要有应急管理部颁布的《煤矿安全规程》《煤矿重大事故隐患判定标准》《生产安全事故罚款处罚规定》《矿山救援规程》等。

（6）有关煤矿安全生产的标准，可分为国家标准、行业标准和企业标准等。其主要有 GB、KA、AQ、MT 等相关标准。

二、煤矿安全生产相关法律法规

1.《安全生产法》

《安全生产法》是为了加强安全生产工作，防止和减少生产安全事故，保障人民群众生命和财产安全，促进经济社会持续健康发展而制定的，自 2002 年 11 月 1 日起施行。2021 年国家修改了《安全生产法》，新的《安全生产法》自 2021 年 9 月 1 日起施行。该法共 7 章 119 条，主要内容包括总则、生产经营单位的安全生产保障、从业人员的安全生产权利义务、安全生产的监督管理、生产安全事故的应急救援和调查处理、法律责任和附则等内容。

2.《矿山安全法》

《矿山安全法》是为了保障矿山生产安全，防止矿山事故，保护煤矿从业人员的人身安全，促进采矿业健康发展而制定的，自 1993 年 5 月 1 日起施行。该法共 8 章 50 条，主要内容包括总则、矿山建设的安全保障、矿山开采的安全保障、矿山企业的安全管理、矿山安全的监督和管理、矿山事故处理、法律责任、附则。

3.《职业病防治法》

《职业病防治法》是为了预防、控制和消除职业病危害，防治职业病，保护劳动者健康及其相关权益，促进经济发展，根据《中华人民共和国宪法》制定的，自 2002 年 5 月 1 日起施行。2018 年 12 月 29 日，第十三届全国人民代表大会常务委员会第七次会议《关于修改〈中华人民共和国劳动法〉等七部法律的决定》第四次修正。该法共 7 章 88 条，主要内容包括总则、前期预防、劳动过程中的防护与管理、职业病诊断与职业病病人保障、监督检查、法律责任、附则等。职业病防治工作坚持预防为主、防治结合的方针，建立用人单位负责、行政机关监管、行业自律、从业人员参与和社会监管的机制，实行分类管理、综合治理。劳动者依法享有职业卫生保护的权利。

4.《煤矿安全生产条例》

2024 年 1 月 24 日，国务院总理李强签署国务院令第 774 号，公布《煤矿安全生产条例》，自 2024 年 5 月 1 日起施行。该条例共 6 章 76 条。《煤矿安全生产条例》是煤矿安全生产领域的一部基础主干法规，全面总结了近年来煤矿安全生产工作经验，是在贯彻新发展理念、推动安全生产工作高质量发展过程中形成的重要立法成果，对煤矿安全生产工作影响深远。

5.《生产安全事故报告和调查处理条例》

《生产安全事故报告和调查处理条例》是为了规范生产安全事故的报告和调查处理，落实生产安全事故责任追究制度，防止和减少生产安全事故而制定的，自 2007 年 6 月 1 日起施行。

6.《中共中央办公厅　国务院办公厅关于进一步加强矿山安全生产工作的意见》

2023 年 8 月 25 日，向社会公布了《中共中央办公厅　国务院办公厅关于进一步加强矿山安全生产工作的意见》（厅字〔2023〕21 号），这是矿山安全生产领域的纲领性文件，《意见》共七部分 24 项重要举措。第一至第六部分是重点任务，从严格矿山安全准入、推进矿山转型升级、防范化解重大安全风险、强化企业主体责任、落实地方党政领导责任和部门监管监察责任、推进矿山安全依法治理 6 个方面作出针对性部署安排。第七部分是强化组织实施，针对加强组织领导、研究配套政策、加强资金保障、建立协调机制、强化责任追究等提出具体工作要求。

7.《中共中央　国务院关于推进安全生产领域改革发展的意见》

《中共中央　国务院关于推进安全生产领域改革发展的意见》（中发〔2016〕32 号文）于 2016 年 12 月 18 日发布，是新中国成立以来第一个以党中央、国务院名义出台的安全生产工作的纲领性文件，对推动我国安全生产工作具有里程碑式的意义。

《意见》指出，要坚守“发展决不能以牺牲安全为代价”这条不可逾越的红线，构建“党政同责、一岗双责、齐抓共管、失职追责”的安全生产责任体系，推进安全监管体制改革，坚持管安全生产必须管职业健康，充实执法力量，堵塞监管漏洞，切实消除盲区。

《意见》提出，建立安全生产监管执法人员依法履行法定职责制度，对监管执法责任边界、履职内容、追责条件等做出明确规定，激励监管执法人员忠于职守、履职尽责、敢于担当、严格执法。

8.《煤矿安全规程》

《煤矿安全规程》是为保障煤矿安全生产和从业人员的人身安全与健康，防止煤矿事故与职业病危害而制定的。《应急管理部关于修改〈煤矿安全规程〉的决定》经 2021 年 8 月 17 日应急管理部第 27 次部务会议审议通过，自 2022 年 4 月 1 日起施行。

《煤矿安全规程》共 6 编 721 条。第一编总则，规定煤矿企业必须遵守有关安全生产的法律、法规、规章、规程、标准和技术规范；明确了煤矿从业人员的安全生产权利和义务。第二编地质保障，规定了地质专业作为煤矿生产和建设的基础，作为煤矿安全生产的保障。第三编井工部分，规定了矿井建设、开采、“一通三防”管理、防治水、冲击地压管理、提升运输管理、机电管理，以及爆破作业涉及的安全生产行为标准。第四编露天煤矿，规范了采剥、运输、排土、滑坡和水火防治、电气及设备检修标准。第五编职业病危害防治，规定了职业危害的防治与职业病危害管理工作。第六编应急救援，规定了安全避险、事故救援、灾变处理工作标准。

《煤矿安全规程》以安全生产法律法规为依据，坚持煤矿安全生产方针，以先进的科学技术为导向，以安全生产实践为基础，结合我国煤矿技术和装备水平的实际情况，逐步趋于完善和科学，具有权威性、强制性、实用性、规范性和可操作性等特点，是煤矿企业必须遵守的法定规程。

9.《防治煤与瓦斯突出细则》

《防治煤与瓦斯突出细则》是为了加强防治煤（岩）与瓦斯（二氧化碳）突出工作，有效预防煤矿突出事故，保障煤矿从业人员生命安全而制定的，自 2019 年 10 月 1 日起施行。

《防治煤与瓦斯突出细则》该规定共 6 章 127 条。其主要内容包括总则、一般规定、区域综合防突措施、局部综合防突措施、防治岩石与二氧化碳（瓦斯）突出措施、附则等。煤矿企业、煤矿和有关单位的防突工作，适用本细则。

10.《煤矿防治水细则》

《煤矿防治水细则》是为了加强煤矿防治水工作，防止和减少事故，保障职工生命安全和健康而制定的。自 2018 年 9 月 1 日起施行，原《煤矿防治水规定》同时废止。

《煤矿防治水细则》共 8 章 138 条。其主要内容包括总则、矿井水文地质类型划分及基础资料、矿井水文地质补充勘探、井下探放水、矿井防治水技术、露天煤矿防治水、水害应急处置和附则等。煤炭企业、煤矿和有关单位的防治水工作，适用本细则。

11.《防治煤矿冲击地压细则》

《防治煤矿冲击地压细则》是为了加强煤矿冲击地压防治工作，有效防范冲击地压事故，保障煤矿职工安全而制定的。自 2018 年 8 月 1 日起施行。

《防治煤矿冲击地压细则》共分为 6 章 87 条。其主要内容包括总则，一般规定，冲击危险性预测、监测、效果检验，区域与局部防冲措施，冲击地压安全防护措施，附则。煤矿企业（煤矿）和相关单位的冲击地压防治工作，适用该细则。

12.《煤矿防灭火细则》

《煤矿防灭火细则》是为了加强煤矿防灭火工作，有效防控煤矿火灾事故，保障煤矿安全生产及从业人员生命安全和健康而制定的。2021 年 10 月 12 日，国家矿山安全监察局印发了《煤矿防灭火细则》，于 2022 年 1 月 1 日起实施。

《煤矿防灭火细则》共包括八章 119 条和 1 个附录，对煤矿防灭火工作进行了全面规范。其主要内容包括总则、一般规定、井下火灾监测监控、防火技术、应急处置、井下火区管理、露天煤矿防灭火、附则。

13.《煤矿重大事故隐患判定标准》

《煤矿重大事故隐患判定标准》是为了准确认定、及时消除煤矿重大事故隐患而制定的。2020 年 11 月 2 日，应急管理部第 31 次部务会议审议通过《煤矿重大事故隐患判定标准》，于 2021 年 1 月 1 日起施行。

《煤矿重大事故隐患判定标准》从 15 个方面列举了 81 种应当判定为重大事故隐患的情形。

14.《国家矿山安全监察局关于做好煤矿灾害情况发生重大变化及时报告和出现事故征兆等紧急情况及时撤人工作的通知》

《国家矿山安全监察局关于做好煤矿灾害情况发生重大变化及时报告和出现事故征兆

等紧急情况及时撤人工作的通知》是为保障煤矿安全生产和从业人员生命安全，防止事故发生、减少事故损失而制定的。2023 年 4 月 3 日，国家矿山安全监察局以矿安〔2023〕26 号发布此通知。主要内容包括现场作业人员应当及时报告的情形、必须及时撤出危险区域作业人员的情形、工作责任。

第二部分
采煤工初级技能

第三章

生 产 准 备

第一节 矿图基本知识

一、常用矿图

矿图是反映井下煤层的产状、地质构造、各种巷道之间、采区之间、现采区同采空区之间，以及井上、下之间相对位置和相互关系的图纸。矿图的种类很多，一个生产矿井必须具备的图纸一般分为两大类，一类是矿井测量图，另一类是矿井地质图，在此基础上，根据生产需要，还要有采掘计划图、设计图和管理用图等。按《煤矿安全规程》的规定，一个矿井必须具备以下 11 种图纸：

（1）矿井地质图和水文地质图。

（2）井上、下对照图。

（3）巷道布置图。

（4）采掘工程平面图。

（5）通风系统图。

（6）井下运输系统图。

（7）安全监控布置图和断电控制图、人员位置监测系统图。

（8）压风、排水、防尘、防火注浆、抽采瓦斯等管路系统图。

（9）井下通信系统图。

（10）井上、下配电系统图和井下电气设备布置图。

（11）井下避灾路线图。

二、图例和比例尺

矿图是反映矿区地面和井下实际存在的各种物体的相对位置和相互关系的图纸。绘制矿图所用的符号叫作图例，绘制矿图时，因实际地物的形状和尺寸很大，为了看图方便，图纸就不能与地物尺寸一样大小，便按照一定的比例把地物缩小后，再绘制到图纸上。这种缩小的尺寸与实际地物尺寸相比就叫比例尺。例如井下运输大巷长 1000 m，画在图纸上的长度是 1 m，则表示该图的比例尺为 1∶1000，或叫千分之一，通常写作 1∶1000 或 1/1000。如果在一张图纸上显示出大量、大面积的地物时，比例尺可以再缩小成 1 : 2000、1 : 5000 或 1 : 10000 等。若在图纸上只画出局部地物或巷道断面时，图纸的比例尺还可以放大到 1 : 200、1 : 100 或 1 : 50 等。

看图时量矿图所表示地物的尺寸，使用的比例尺是三棱形的尺，简称三棱尺。三棱尺的 3 面有 6 种不同的刻度，这些刻度都是按不同比例刻印成小分格，每个小分格的单位一般是代表 1 m 或 10 m，也可以根据比例尺端部刻印的比例换算。矿图图例如图 3－1 所示。

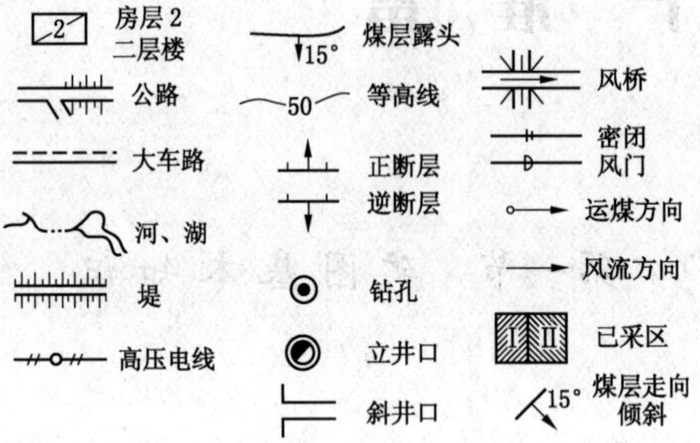

图 3－1 矿图图例

三、地质构造在矿图上表示

煤层底板等高线图是把煤层底板面与不同高程水平面的交线，垂直投影到平面上，反映煤层空间形态和构造变动的重要地质图件。

在煤层底板等高线图上，等高线的延伸方向，就是煤层的走向，其延伸方向和等高线之间的间距变化，反映了煤层的产状变化和地质构造形态。如果是单斜煤层，等高线表现为一组标高不等的平行直线，各等高线之间的距离大致相等；褶皱构造则表现为一组标高不等的平行曲线，煤层倾向指向曲线内侧的为向斜，反之则为背斜。盆地或穹隆构造的煤层底板等高线，呈一组标高不等的闭合曲线，由里向外，标高值由小到大者为盆地构造，相反的为穹隆构造。

断层构造在煤层底板等高线图和采掘工程平面图上是用断层交面线，即断层面与煤层面交线的投影来表示的。图上以点划线表示上盘，叉划线表示下盘，并注明断层面倾角及断层落差。

第二节 矿井开拓知识

一、煤矿井下常见巷道

1. 按巷道作用和服务范围分类

巷道按其作用和服务范围可分为开拓巷道、准备巷道和回采巷道。

（1）开拓巷道：为全矿井、一个水平或两个以上采区服务的巷道。如井筒（或平硐）、井底车场、运输大巷、总回风巷、总进风巷、石门等。

（2）准备巷道：为准备采区而掘进的巷道。如采区上、下山，采区车场等。

（3）回采巷道：形成采煤工作面及为其服务的巷道。如开切眼、工作面运输巷、工作面回风巷等。

2. 按巷道轮廓线的特征分类

巷道按其轮廓线的特征可分为折边形和曲边形两大类。

（1）折边形，主要有矩形、梯形、不规则形等。其主要用于服务年限较短的准备巷道和回采巷道，支护材料为金属或木料。

（2）曲边形，主要有半圆拱形、三心拱形、圆弧拱形、封闭拱形、椭圆形和圆形等，其主要用于服务年限较长的开拓巷道，特别是井底车场、运输大巷等，都以拱形为宜。对于特别松软、具有膨胀性的围岩还可采用封闭形、椭圆形或圆形。

在选择巷道形状时，应充分考虑巷道围岩的性质，巷道所受地压的大小、方向和性质，巷道的服务年限及用途，巷道的支护材料与支护方式等基本因素。在实际生产中，一般是根据前两个因素确定支护材料和支护方式，再根据充分发挥其力学性能的原则最后确定巷道的断面形状。实际上，由于支护材料本身的特点，支护方式一经确定，巷道形状也就基本确定了。

二、矿井的开拓方式

开拓巷道在井田内的总体布置方式，称为矿井开拓方式。由于煤层赋存条件不同，矿井开拓方式也各不相同。矿井开拓方式主要有平硐开拓、斜井开拓、立井开拓、综合开拓和多井筒分区域开拓。

井田无论采用哪一种井筒（硐）形式，井田都可能采用单水平或多水平，分区式、分段式或分带式布置巷道。

第三节 炮采采煤工艺

爆破采煤工艺，简称“炮采”，是指在长壁工作面用爆破方法破煤、人工装煤、输送机运煤和单体支柱支护的采煤工艺。

爆破采煤的工艺过程是：爆破落煤及装煤、人工装煤、刮板输送机运煤、人工挂梁支柱、推移输送机、人工回柱放顶等工序。

炮采工作面采煤工艺过程有：爆破落煤、装煤、运煤、支护和采空区处理等。

（1）爆破落煤。爆破落煤的生产过程包括打眼、装药、填炮泥、连炮线、爆破等工序。

（2）装煤。炮采工作面主要装煤方法有：爆破装煤、人工装煤和机械装煤等。爆破装煤是通过爆破使煤直接落入刮板输送机内。

（3）运煤。采煤工作面的运输方式主要根据落煤方式及煤层倾角来确定。倾斜工作面可采用铁溜槽或搪瓷溜槽，缓倾斜工作面主要采用可弯曲刮板输送机运煤。

（4）支护。炮采工作面常用单体液压支柱。

（5）采空区处理。随着采煤工作面不断向前推进，顶板悬露面积越来越大，为保证工作面的安全生产，需要及时对采空区进行处理。采空区处理方法有多种，但最常用的是全部垮落法。

炮采除运煤的工序实现了机械化外，其余的工序全部是人工操作。炮采工作面的装备有：钻眼工具用煤电钻、麻花钻杆与合金钻头；运煤设备一般使用轻型刮板输送机；支护材料用木柱、木棚、摩擦式金属支柱与金属铰接顶梁或单体液压支柱与金属铰接顶梁配套的支架支撑顶板；回柱用人工的方法或简单的回柱机具或者配备回柱绞车。炮采的优点是：适应性强，各种条件的采煤工作面均可采用，所需设备少，初期投资小。炮采的缺点是：回柱放顶工序安全风险大，顶板事故多，产量及效率低，工人劳动强度大等。

第四章

生 产 操 作

第一节 打 眼 操 作

一、炮采工作面工具准备

炮采工作面使用的工器具包括手动工具、电动工具、液压系统及单体液压支柱等。

1. 手动工具

手动工具主要包括锨、手镐、尖枪等。用目测法选用，要求外观细致，结构合理。锨把不宜过长，达到 1.2 m 即可，也可根据现场条件而定，手镐要检查手把与镐头是否松动。

2. 电动及风动工具

电动及风动工具主要包括煤电钻和风镐等。

(1) 煤电钻。煤电钻是一小型电动打眼工具。使用时要看其外观是否完好，开关是否灵活，风叶外罩是否完好，电机温度是否正常，钻头与钻杆连接是否牢固，一般处理好后方可使用。突出矿井禁止使用煤电钻。

(2) 风镐。风镐是一种利用风压作为动力来进行采煤作业的工具，但是其风压一定要达到规定压力，手把要安全可靠，风镐尖要合格。按照《煤矿安全规程》第一百九十六条关于突出煤层的采掘工作中的规定，预测或者认为突出危险区的采掘工作面严禁使用风镐作业。

二、煤电钻的结构、型号及技术特征

钻孔（或打眼）用的电动工具被称为电钻。煤矿中用在煤体或软岩石中打爆破孔的电钻称为煤电钻，其外形如图 4－1 所示。

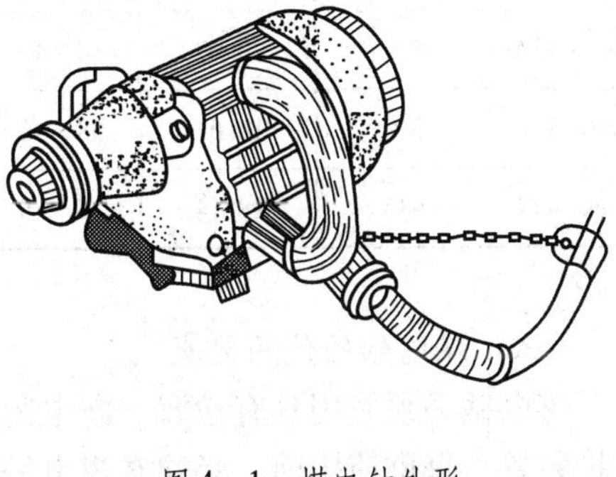

图 4－1 煤电钻外形

(一) 煤电钻的结构

煤电钻由电动机、减速器和开关 3 部分组成。湿式煤电钻引入压力水可以除尘及冷却钻头。电动机产生动力带动钻杆旋转，减速器把电动机的旋转速度减慢，开关直接操纵电动机的开

动和停止，煤电钻具体结构如图 4－2 所示。

煤电钻的传动系统如图 4－3 所示。电动机产生的动力，带动第一对和第二对齿轮旋转达到减速的目的，再通过主轴使钻杆旋转。在机体后轴上装有一个风扇，随电动机一同旋转，产生风流散热冷却电动机。

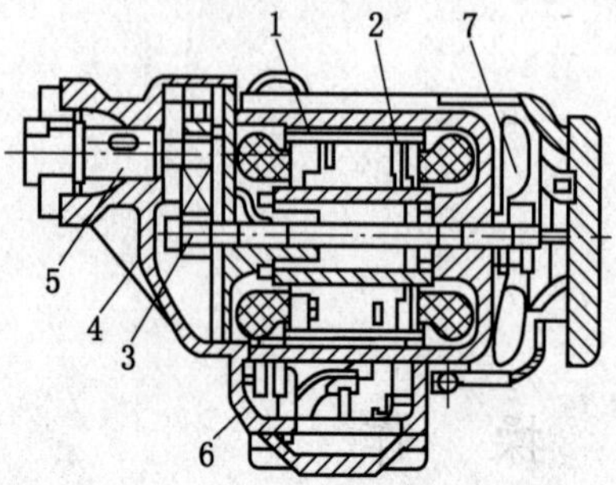

1—电动机定子；2—电动机转子；
3、4—减速器；5—主轴；
6—开关；7—风扇

图 4－2　煤电钻的结构

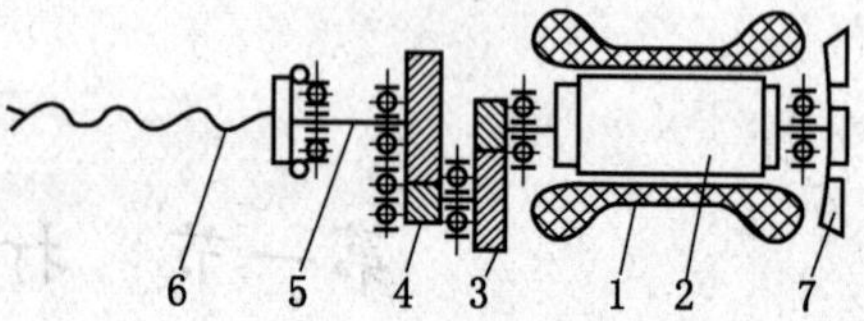

1—电动机定子；2—电动机转子；
3—第一对齿轮；4—第二对齿轮；
5—主轴；6—钻杆；7—风扇

图 4－3　煤电钻传动系统

（二）常用煤电钻的型号及技术特征

常用煤电钻的主要技术特征见表 4－1。

表 4－1　煤电钻的主要技术特征

型号	主轴		钻孔直径/mm	配套电动机			配用电缆规格
	转速/(r·min^{-1})	转矩/(N·m)		额定转速/(r·min^{-1})	额定功率/kW	额定电压/V	
MZ_3－12	640	17.26	38～45	2820	1.2	127	UZ（3×4+1×2.5）
MZ_2－12A	470	14.42	38～45	2820	1.2	127	
MZ_2－12B	550	20.79	38～45	2820	1.2	127	
MZ－12	640	16.67	38～45	2820	1.2	127	
MZ－12A	520	20.67	38～45	2820	1.2	127	
MZ－12C	640	16.67	38～45	2820	1.2	127	
MSZ－12	630	18.14	36～45	2800	1.2	127	

（三）煤电钻的使用要求

煤电钻必须使用具有检漏、漏电闭锁、短路、过负荷、断相和远距离控制功能的综合保护装置。每班使用前，必须对煤电钻综合保护装置进行 1 次跳闸试验。

第二节 落煤与装煤

一、落煤

(一) 风镐落煤

在采煤工作面内，以风镐为主要破煤工具的开采方法叫风镐落煤。

风镐是由压缩空气驱动的，靠冲击破落煤体及其他矿体或物体的手持机具。使用风镐落煤开槽的方法是，顺着煤层节理的裂开面往下劈，不能平着向煤层里面钻。在倾角较大的工作面应从上方向下开槽劈帮，利用人体重力破煤较容易而且省力。劈帮每次进度0.2~0.4 m，采完台阶全长后，再从上往下劈第二遍帮一直到完成本班规定的进度为止。

1. 风镐结构

风镐由手柄、手柄弹簧、阀门、风管接头、锤体、镐筒、固定钢套及头部弹簧等主要零部件组成，其具体结构如图4－4所示。

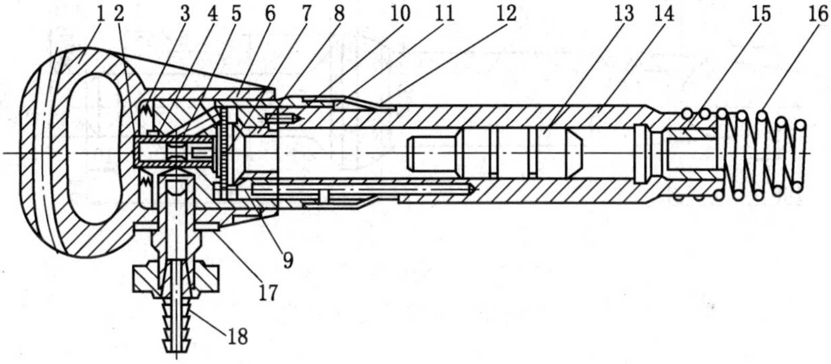

1—手柄；2—垫板；3—手柄弹簧；4—阻塞阀套；5—阻塞阀；6—阻塞阀弹簧；7—阀柜垫圈；8—阀；9—阀柜；10—定位销；11—连接套；12—挡风板；13—锤体；14—镐筒；15—固定钢套；16—头部弹簧；17—连接管垫圈；18—风管接头

图4－4 风镐结构

2. 常用风镐的技术特征

煤矿常用的风镐型号有G10、G11、G15、G16、G20等，其技术特征见表4－2。

表4－2 风镐技术特征

参数	机型		
	G10、G11	G15、G16	G20
全长/mm	570	600	550
垂体行程/mm	155	185	200
使用气压/MPa	0.4~0.63	0.4~0.63	0.63

表4-2（续）

参　　数	机　　型		
	G10、G11	G15、G16	G20
耗气量/($L\cdot s^{-1}$)	≤26	≤27	≤28
冲击频率/Hz	≥16.5	≥17.5	≥16
气管内径/mm	16	16	19
镐钎规格/(mm×mm)	ϕ24×70	ϕ24×70	ϕ30×87

3. 风镐镐钎

风镐的镐钎是直接冲击、破碎煤岩体的工具。它的结构是由镐钎尖、镐钎体及镐钎尾组成，如图4-5所示。

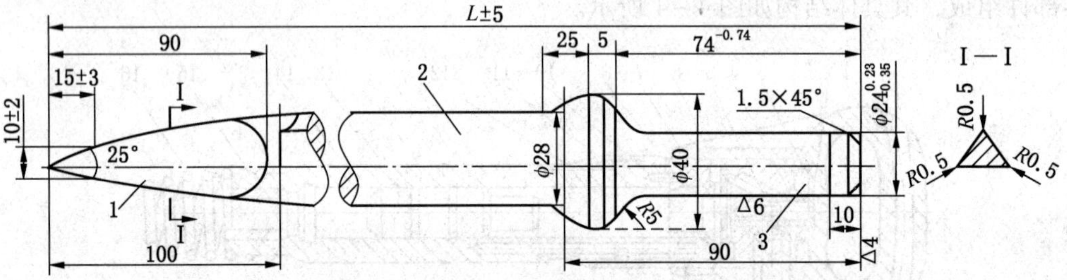

1—镐钎尖；2—镐钎体；3—镐钎尾

图4-5　风镐镐钎的结构

镐钎的长度是根据煤岩的硬度而定，煤岩硬度较大的镐钎长度应短些，软岩及中硬以下的煤，镐钎可长些。用于软而带有裂隙的煤岩层，镐钎长度一般为300～400 mm；用于较硬、韧性较大的煤岩层，镐钎长度一般为150～300 mm。

4. 风镐采煤的适用条件及特点

（1）风镐采煤适用条件：煤层的煤质松软、节理发育；顶板不稳定，极易破碎；采高不宜超过2 m；倾角大于30°的中厚煤层或急倾斜煤层更为适宜。

（2）风镐采煤的特点：优点是在倾角较大的煤层或开采顶板松软破碎煤层时效果比较明显。缺点是采煤工人劳动强度大；生产效率低；噪声大，影响工人作业安全与身心健康；压风管路复杂，容易漏风，风压低时影响风镐的效能。

（二）爆破落煤

爆破作业的一般规定：

（1）采煤工作面的爆破作业必须由专职爆破工实施。爆破工的基本职责是必须保证爆破作业过程的安全。所有爆破人员，包括爆破人员、送药人员、装药人员，都必须熟悉爆炸材料的性能和安全规程的规定。

（2）严格遵守《煤矿安全规程》中有关对通风、瓦斯的要求以及对爆炸材料领、送等规定，切实执行采煤工作面作业规程及其爆破说明书的规定，依照爆破说明书实施爆破作业。

（3）严格执行“一炮三检”和“三人连锁爆破”制度。工作面爆破前，爆破工、班组长、瓦斯检查工和兼职安监员都应在现场。

（4）在有瓦斯或煤尘爆炸危险的采煤工作面爆破时，必须采用正向爆破，严禁反向爆破。

（5）严禁放糊炮。严禁用明火、普通导爆索或非电导爆管爆破。

（6）爆破与回采其他工序平行作业时，必须按照爆破的安全距离执行，否则应停止爆破作业。

（7）在地质变化地带、冒顶区、安全出口等处的顶板破碎、煤层松软、容易冒顶、片帮的地段，要少装药放小炮或不爆破。

（8）爆破工要和打眼工密切配合，保证爆破时不崩倒棚子，不丢顶煤和底煤，不将煤块大量迸溅到人行道、材料道，保证煤壁平直，符合开帮进度的要求。

（9）运送爆炸材料和装药、封泥可由兼职的爆破工助手进行。爆破工助手必须经过培训并考试合格，取得合格证后，方可操作。

（10）爆破工的工作顺序：准备（领取爆破器材和爆炸材料→运送爆炸材料→存放爆炸材料→装配起爆药卷）→检查处理→爆破操作（装药→设警戒→连线→起爆→炮后检查→撤警戒）→收尾工作。

二、装煤

1. 爆破装煤

在炮采工作面利用炮眼爆破的能量，将煤炭自动装入刮板输送机内的工艺称为爆破装煤。爆破装煤可减轻工人的体力劳动，提高装煤效率。为提高爆破装煤的效果，刮板输送机必须紧靠煤壁，并在刮板输送机采空区一侧加装挡煤板。爆破时分次爆破，先爆破顶眼，落下的煤炭大部分装入输送机后，再挂梁及时支护顶板，再爆破底眼，将煤抛入输送机内，如图 4－6 所示。

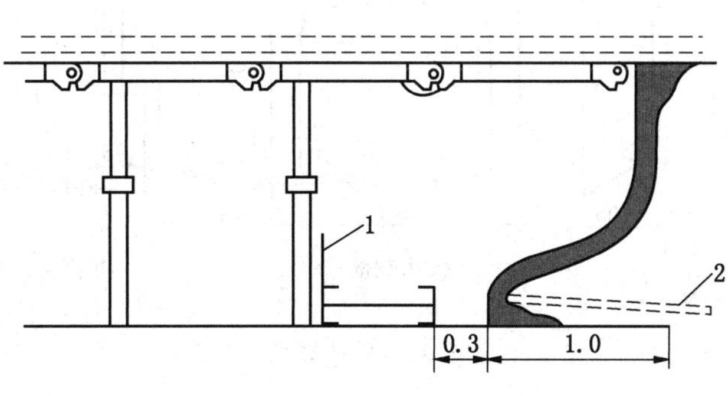

1—挡煤板；2—底眼

图 4－6　爆破装煤顺序

2. 人力装煤

人力装煤也称攉大锹，是一种笨重的体力劳动，不但效率低而且也不安全。但在炮采工作面，即使实行爆破装煤工艺，仍有 40% 左右的煤炭需要用人力装入工作面的刮板输送机内。人力装煤必须遵守以下规定：

（1）要等炮烟全部消失后，才准进入工作面进行装煤作业。

（2）装煤前，首先用撬棍或镐头撬落浮顶和撬下松帮，然后敲帮问顶，进一步处理可能从顶板冒落的岩石或从煤壁片落下的煤炭。同时，扶起爆破崩倒的支柱，并及时打上临时支护。

（3）在非爆破装煤工作面，装煤时应先站在输送机外侧，用长柄工具将煤扒入或捅入刮板输送机内。等煤堆距顶板有一定高度后，方可进入攉煤地点，经敲帮问顶确认无危险时，挖出一个能立足、抡锹的位置，进行装煤。

（4）在攉煤时应距刮板输送机稍远处站稳，以免随着攉煤顺势向刮板输送机方向摔倒。围在脖子上的毛巾要系紧，以免低头弯腰攉煤时毛巾被刮板链咬住，造成人身伤害事故。

（5）刮板输送机停机时，不要继续装煤，以免压住刮板输送机。

（6）明显而又能拣出的矸石一定要拣出，堆放在刮板输送机外侧，以便降低含矸率，提高煤炭质量。

（7）要将浮煤清理干净，以减少煤炭损失，防止煤炭自然发火。

3. 用攉煤机装煤

攉煤机属于半机械化装煤工具，由特制的大铁锹、钢叉及铁链（或细钢丝绳）等组件构成，如图 4－7 所示。铁链（或细钢丝绳）的一端拴在铁锹下端的两个耳子上，另一端拴在钢叉的下部。

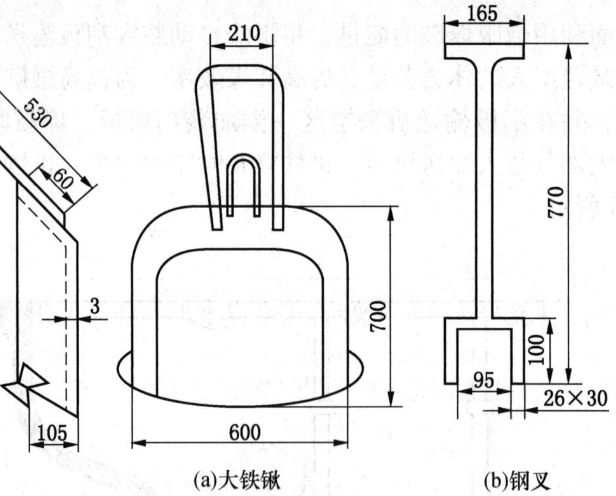

图 4－7　攉煤机

攉煤时由两个人协同操作，一个人在煤堆处掌握大铁锹，另一人（副手）在刮板输送机外侧，用钢叉叉在运行中的刮板链的链环上，铲有煤炭的大铁锹随着刮板链的运行而前移将煤炭装到刮板输送机内。这时副手立即提起钢叉，大铁锹也随即停止运行，退回原位再做下一次攉煤的操作。这种作业方式要求两个人动作必须协调一致，互相照应才能保证作业的安全。

扒煤机装煤虽然可以减轻一些工人的体力劳动，提高装煤效率，但仍属于人工操作，没有完全解决装煤机械化的问题。同时，如两人稍有大意，动作不协调，还可能出现安全事故。

第三节 支护与顶板控制

采煤工作面的煤在采出后，通常在靠煤壁处用支架维护出一个工作空间（包括机道、人行道、材料道等），多余的采空空间则为采空区，如图 4－8 所示。

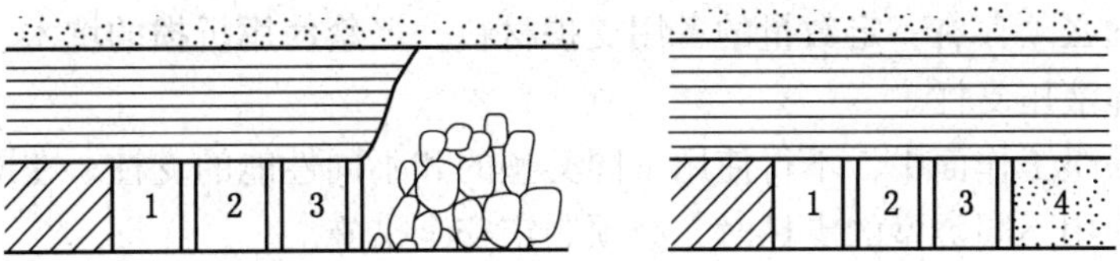

(a) 全部垮落法　　(b) 充填法

1—机道；2—人行道；3—材料道；4—充填体

图 4－8　工作空间与采空区

随着采煤工作面的不断推进，顶板暴露面积不断扩大。为了保证采煤工作面安全地、不间断地推进和工作面采煤时需要的工作空间，必须进行经济、可靠地支护，以控制矿山压力和顶底板围岩移动。随着工作面的推进，也必须对采空区进行及时处理，以减轻工作面的压力。因此，采煤工作面顶板支护和采空区处理是采煤工作面顶板控制（也称顶板管理）的主要内容，在特殊情况下还应当包括对底板、煤壁等的控制。所以，顶板控制的实质就是对明显影响工作面矿压显现的直接顶和基本顶活动的控制。

一、采煤工作面的支护

（一）采煤工作面支护的作用和要求

1. 作用

（1）防止工作空间直接顶岩层的垮落，保护好工作空间，以便能正常、安全地进行采煤工作。

（2）在一定程度上防止基本顶岩层的下沉、弯曲和离层，保持基本顶岩层的基本整体性，增大基本顶的强度。

（3）衡量工作面支护效果的标志，就是工作面不发生冒顶事故。

2. 要求

（1）要求支架有足够的支撑能力（即工作阻力）。一方面，要支撑直接顶岩层的重量，另一方面，要控制基本顶岩层的下沉、弯曲和离层。

（2）要求支架有足够的可缩性。当上覆的基本顶岩层下沉时，支架应随之有所下缩，这样才能将上覆岩层的重量大部分转移到煤体和采空区的碎矸石堆上。如果支架没有可缩性或可缩性不足，上覆岩层的重量会更多地压在支架上，从而压坏支架。

（二）《煤矿安全规程》有关采煤工作面顶板安全的规定

1. 安全出口

采煤工作面必须保持至少 2 个畅通的安全出口，一个通到进风巷道，另一个通到回风巷道。

采煤工作面所有安全出口与巷道连接处超前压力影响范围内必须加强支护，且加强支护的巷道长度不得小于 20 m；综合机械化采煤工作面，此范围内的巷道高度不得小于 1.8 m，其他采煤工作面，此范围内的巷道高度不得低于 1.6 m。安全出口和与之相连接的巷道必须设专人维护，发生支架断梁折柱、巷道底鼓变形时，必须及时更换、清挖。

2. 支护质量支护材料

采煤工作面必须存有一定数量的备用支护材料。严禁使用折损的坑木、损坏的金属顶梁、失效的单体液压支柱。

在同一个采煤工作面中，不得使用不同类型的和不同性能的支柱。在地质条件复杂的采煤工作面中使用不同类型的支柱时，必须制定安全措施。

单体液压支柱入井前必须逐根进行压力试验。对金属顶梁和单体液压支柱，在采煤工作面回采结束后或者使用时间超过 8 个月后，必须进行检修。检修好的支柱，还必须进行压力试验，合格后方可使用。

采煤工作面严禁使用木支柱（极薄煤层除外）和金属摩擦支柱支护。

采煤工作面必须及时支护，严禁空顶作业。所有支架必须架设牢固，并有防倒措施。严禁在浮煤或者浮矸上架设支架。单体液压支柱的初撑力，柱径为 100 mm 的不得小于 90 kN，柱径为 80 mm 的不得小于 60 kN。对于软岩条件下初撑力确实达不到要求的，在制定措施、满足安全的条件下，必须经矿总工程师审批。严禁在控顶区域内提前摘柱。碰倒或者损坏、失效的支柱，必须立即恢复或者更换。移动输送机机头、机尾需要拆除附近的支架时，必须先架好临时支架。

采煤工作面遇顶底板松软或者破碎、过断层、过老空区、过煤柱或者冒顶区，以及托伪顶开采时，必须制定安全措施。

3. 敲帮问顶

严格执行敲帮问顶制度。开工前，班组长必须对工作面安全情况进行全面检查，确认无危险后，方准人员进入工作面。

4. 回柱放顶

采煤工作面必须及时回柱放顶或充填，控顶距离超过作业规程规定时，禁止采煤。用垮落法控制顶板，回柱后顶板不垮落、悬顶距离超过作业规程的规定时，必须停止采煤，采取人工强制放顶或其他措施进行处理。

用垮落法控制顶板时，回柱放顶的方法和安全措施，放顶与爆破、机械落煤等工序平行作业的安全距离，放顶区内支架、木柱、木垛的回收方法，必须在作业规程中明确规定。放顶人员必须站在支架完整，无崩绳、崩柱、甩钩、断绳抽人等危险的安全地点工作。回柱放顶前，必须对放顶的安全工作进行全面检查，清理好退路。回柱放顶时，必须指定有经验的人员观察顶板。

5. 工作面初次放顶及收尾

采煤工作面初次放顶及收尾时，必须制定安全措施。

二、采煤工作面支架支护

(一) 支架的分类

采煤工作面支架的类型很多，根据不同的分类方法，主要有以下几种：

(1) 按结构分：单根的支柱和由支柱、顶梁组合成的棚子支架以及由支柱、顶梁、底座组合成的液压支架。

(2) 按材料分：金属支柱和木支柱。

(3) 按工作原理分：单体液压支柱及液压支架。

(4) 按支架的作用分：普通支架和特殊支架。普通支架是支护工作面的基本支架。特殊支架是在特殊地点或特殊情况下，为提高工作面基本支架的支护强度和稳定性而架设的支架，在炮采工作面有木垛、斜撑支架（戗柱和戗棚）和托梁支架、丛柱、密集支柱、端头支架等，在高档工作面有切顶液压墩柱，在综采工作面有端头支架、锚固支架等。

(二) 单体支架的布置方式

单体支架是我国煤矿广泛采用的支架类型，它在工作面的布置方式决定于直接顶的稳定性、基本顶的来压强度、底板的岩石性质以及采煤工艺的有关特点。合理的支架布置方式必须满足下列要求：有足够的作业空间满足采煤、通风和行人的要求；能有效地控制顶板，保证安全生产；支护材料消耗最低；合理的支护密度。

1. 普通支架

采用单体支架时，工作面普通支架的布置方式有点柱、棚子及悬臂支架等。

1) 点柱

如图 4-9 所示，点柱的特点是单根支柱（在顶盖上加木垫）或戴帽单根支柱直接支设在顶、底板之间，主要起“支”的作用。柱帽长 0.3～0.5 m，厚 50～100 mm。柱帽一般应斜向煤壁，与煤壁垂线成 15°～30°夹角。点柱可用木柱、摩擦式金属支柱或单体液压支柱。

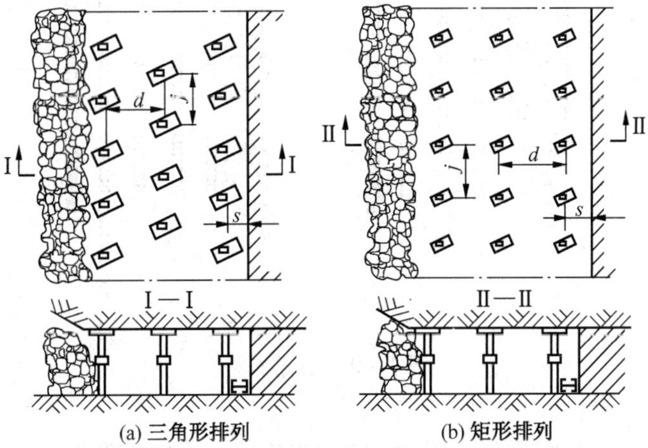

d—排距；j—柱距；s—炮道

图 4-9　戴帽点柱及排列形式

点柱支护适用于直接顶较完整、稳定的工作面作基本支柱和破碎顶板工作面作临时支柱，它的布置形式有矩形排列和三角形排列。

2）棚子

如图 4－10 所示，木棚由木棚腿、木棚梁组成，金属棚由摩擦式金属支柱或单体液压支柱与金属长钢梁组成。棚子的形式有一梁二柱，一梁三柱两种。木棚一般用于顶板比较稳定，压力较小的工作面，在顶板比较破碎和压力较大时，应采用金属棚和适宜的背顶材料。一梁三柱（或多柱）多用于工作面端头支架。

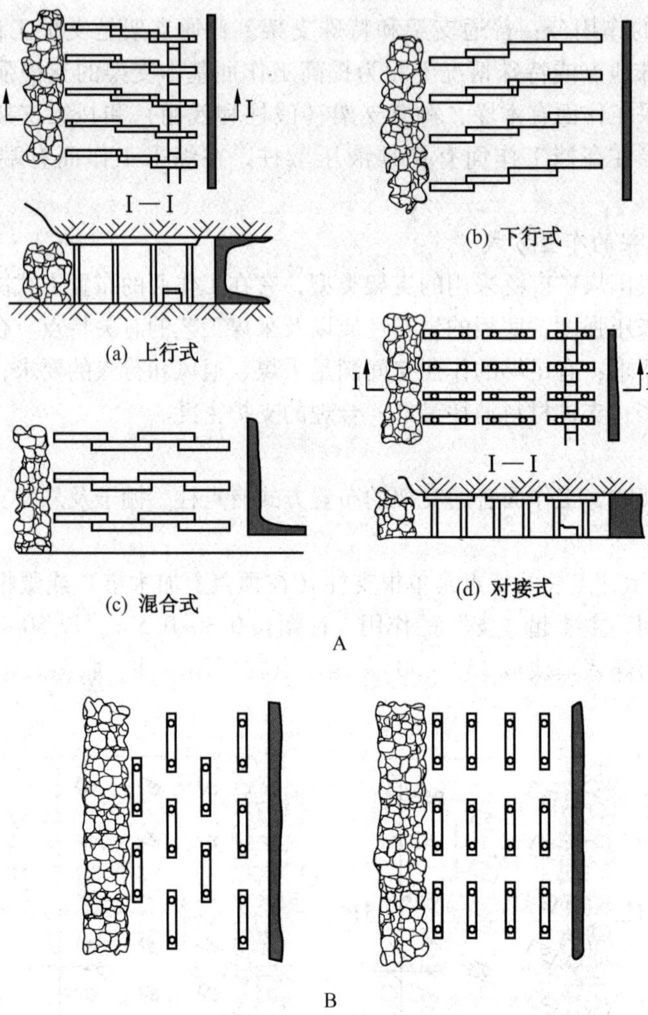

A—走向棚子；B—倾斜棚子

图 4－10　棚子支护

棚子的布置方式，应根据顶板裂隙的方向来确定。顶板裂隙平行于工作面时，采用走向棚子；顶板裂隙垂直于工作面时，采用顺山棚子。这两种棚子又有对口棚子和连锁棚子两种形式，连锁棚子的形式可增加棚子的稳定性。

3）悬臂支架

如图4－11所示，悬臂支架是由一梁一柱组成，支柱可用摩擦式金属支柱或单体液压支柱，梁用金属铰接顶梁。支柱一般支在靠梁一端的1/3处，位于同一列的梁与梁互相铰接在一起，柱与梁组合后成为悬臂的支架形式。根据工作面的顶板和开采技术条件，悬臂支架分为正悬臂和倒悬臂。正悬臂支架可以及时维护机道上方的顶板，能减少顶板的初期下沉量，对破碎顶板的控制非常有利；倒悬臂支架，有利于回柱操作的安全，防止冒落的矸石压埋支柱。另外，根据正、倒悬臂的不同组合，在布置形式上又有齐梁式、错梁齐柱式和错梁错柱式。齐梁式是沿工作面倾斜方向顶梁和支柱都为直线排列，顶梁为正悬臂架设；错梁齐柱式是每排支柱成一直线，顶梁交错排列，其相邻两排支架，一个为正悬臂，一个为倒悬臂；错梁错柱式是沿工作面倾斜方向的顶梁都是交错排列，顶梁均为正悬臂架设，在放顶线处的支柱数量较错梁齐柱式布置要少一半。

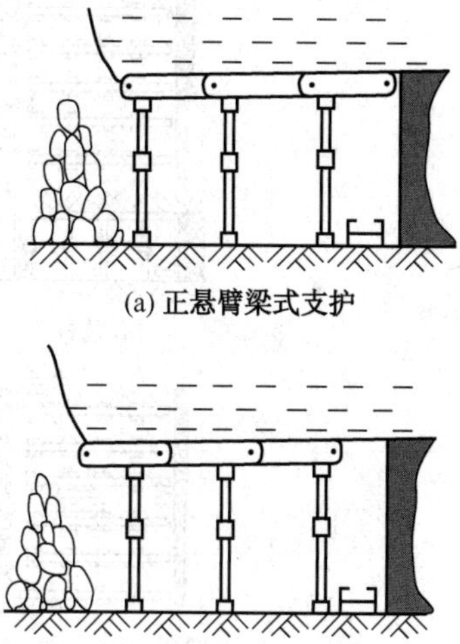

(a) 正悬臂梁式支护

(b) 倒悬臂梁式支护

图4－11　金属悬臂梁式支护

2. 采煤工作面特殊支架

点柱、棚子和悬臂支架是采煤工作面的基本支架，统称为单体支架。单体支架的支柱与梁之间不是整体配合，其结构的稳定性不好，在工作面顶板来压、回柱放顶时，支架有可能被推倒，造成顶板事故。所以，为了提高单体支架的稳定性，在采煤、回柱放顶等作业时，通常还配合使用一些稳定性能较好和具有不同用途的特殊支架。特殊支架的布置方式有：沿切顶线架设的丛柱或密集支柱；沿切顶线每隔一定距离架设的木垛；沿切顶线架设的一梁三柱斜撑支架、一梁二柱或一梁三柱抬棚等，如图4－12所示。

另外，为了保证采煤工作面刮板输送机头、机尾的顺利推移和加强对其上方顶板的控制，通常还采用长抬棚、“四对八根”长钢梁、十字铰接顶梁等端头特殊支架。

（三）液压支架支护

根据液压支架对顶板岩层的支护方式，通常习惯上将液压支架分为3个类型：

（1）支撑式支架。其外形和作用好像木垛一样，所以又称垛式支架。它有较长的顶梁，较多的支柱，且为垂直布置和箱式底座，稳定性能好。这种支架具有较大的支撑能力和良好的切顶性能，适应于顶板坚硬完整，周期压力明显或强烈、底板也较硬的煤层中使用。

（2）掩护式支架。它的顶梁短，支柱较少，且多为倾斜布置。该类型的支架具有良好的防矸掩护性能，适应于中等稳定和破碎、周期压力不明显的顶板条件。

（3）支撑掩护式支架。它是介于支撑式和掩护式支架之间的一种类型。这种类型的支架是靠支撑和掩护作用来维护工作空间的，兼有上述两种类型支架的优点。它适应于顶板中等稳定或稳定、周期来压较明显、底板中等稳定的煤层中使用。

图4－13、图4－14、图4－15为各类液压支架结构的示意图。

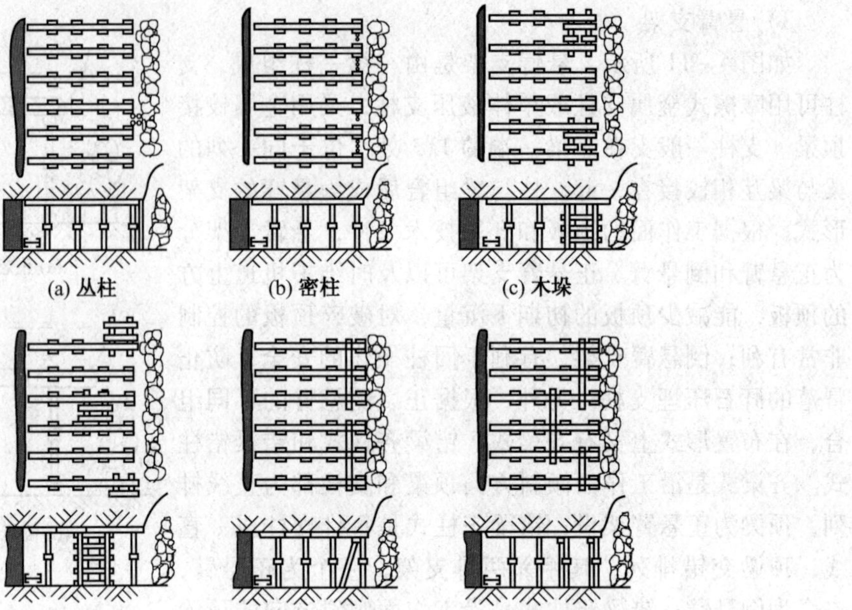

(a) 丛柱　(b) 密柱　(c) 木垛

(d) 木垛　(e) 斜撑支架 (戗棚)　(f) 抬棚 (托棚)

图 4－12　工作面特殊支架

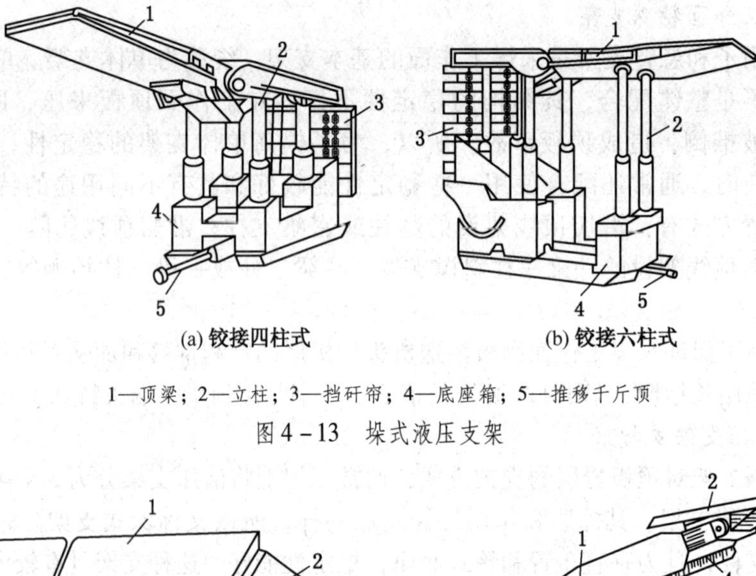

(a) 铰接四柱式　(b) 铰接六柱式

1—顶梁；2—立柱；3—挡矸帘；4—底座箱；5—推移千斤顶

图 4－13　垛式液压支架

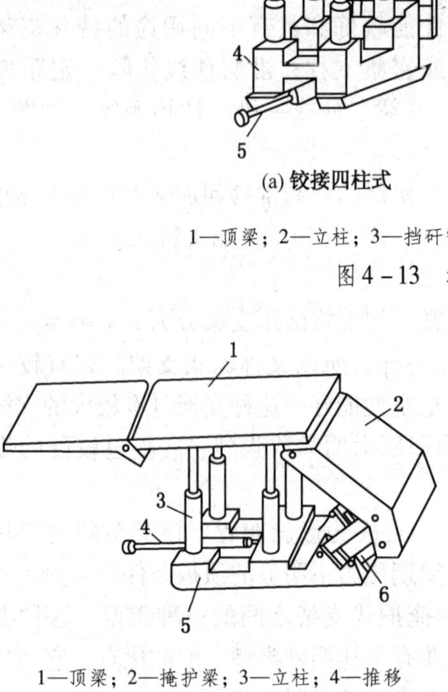

1—顶梁；2—掩护梁；3—立柱；4—推移千斤顶；5—底座；6—连杆

图 4－14　支撑掩护式液压支架

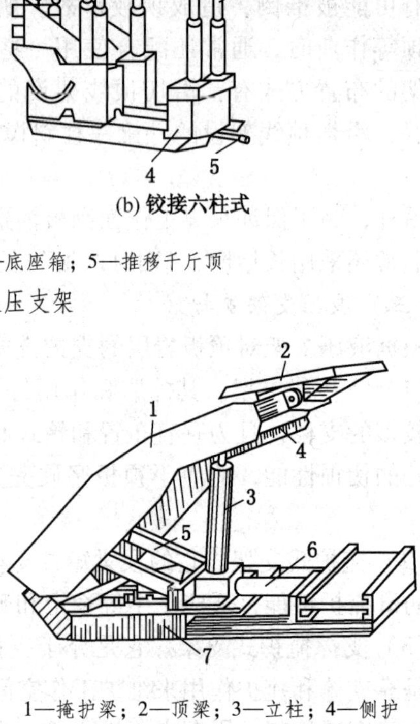

1—掩护梁；2—顶梁；3—立柱；4—侧护板；5—连杆；6—推移千斤顶；7—底座

图 4－15　掩护式液压支架

三、工作面支护操作技术及安全注意事项

1. 单体液压支柱

1）一般规定

（1）支架架设要严格按“煤矿工人技术操作规程”和工作面作业规程中的有关规定进行操作。

（2）进入工作地点后，必须首先敲帮问顶，发现隐患要及时处理。

（3）随时注意工作面的动态，如顶板断裂发出巨响或支架突然大量折损或钻底钻顶等，应立即撤离所有人员到安全地点，待顶板稳定后，再进行处理。

（4）所有支架必须按统一编号有序架设，必须拉线支设，柱距、排距和控顶距等要符合作业规程要求。

（5）支架迎山有力，迎山角符合作业规程规定。

（6）顶梁必须与顶板紧密接触，不得张口，若顶板不平必须用木楔或背板等背实；顶板破碎时，应密背护顶；局部冒顶造成梁上空顶时，要用木料在梁上摆成三角形或井字形使之接顶背实。

（7）支柱与底板要全面接触，不准支在浮煤、浮矸上。坚硬底板要凿柱窝或打麻面；松软底板，支柱必须穿鞋，其规格和材料按作业规程规定执行。

（8）支柱要打紧，可在柱顶上加一个楔，不准打重楔。

（9）单体液压支柱的支设最大高度应小于支柱设计最大高度 0.1 m，最小高度应大于支柱设计最小高度 0.2 m，当采高发生变化时，应及时更换相应高度的支柱。

（10）工作面内不得使用不同性能的支柱，特殊情况下使用时，必须制定专门措施。

（11）工作面内支护、回柱、采煤等工序，必须协调作业，其平行作业距离、作业顺序严格按作业规程规定执行。

（12）架设支柱时，其下方不得站立人员，防止挂梁脱落伤人。

2）戴帽点柱操作及安全注意事项

（1）操作顺序。量好排距、柱距→清理柱位→竖直点柱→用注液枪冲洗注液阀口煤粉→将注液枪卡套卡紧注液阀→戴上柱帽→供液升柱。

（2）安全注意事项。柱帽应用 0.3 m×0.1 m×0.05 m 的木板或半圆木，用半圆木时平面朝上。每根支柱只准戴一个柱帽，严禁戴双柱帽。

3）铰接顶梁与单体液压支柱操作及安全注意事项

（1）操作顺序。挂梁→插调角楔→背顶→清理和定柱位→立柱→供液升柱（使用顶网的工作面应先挂网后，再按以上顺序操作）。

（2）操作方法：

① 挂梁：一人站在支架完整处两手抓住铰接顶梁将它插入已安设好的顶梁两耳中，另一人站在人行道，插上顶梁圆销并用锤将圆销打到位。

② 插调角楔：将顶梁托起，插入调角楔，使梁与顶板留有 0.1 ~0.15 m 的间隙。

③ 背顶：按规定数量与上一架棚子的背顶材料交叉背好，并用锤打紧水平楔。

④ 清理和定柱位：根据作业规程的规定确定柱位，清净柱位浮煤，凿柱窝或麻面，需穿柱鞋时，将柱鞋平放在柱位上。

⑤ 立柱与升柱：一人在倾斜上方抓支柱的手把将支柱立在柱位上，另一人拿好注液枪，先冲洗注液阀口的煤粉，然后将注液枪卡套卡紧注液阀，开动手把供液升柱，使柱爪卡住梁牙并供液达到规定的初撑力为止，退下注液枪并挂在支柱手把上。

(3) 安全注意事项：

① 支护必须符合作业规程规定，确保一梁一柱，严禁单梁单柱支护。

② 挂铰接顶梁时，梁应摆平并垂直于煤壁。

③ 跟机挂梁时，人应站在两支柱间空挡内进行操作，并随时敲帮问顶。

④ 挂梁后应及时按规定支设临时支柱，如发现顶板破碎，压力大时，要立即停机，待处理好顶板后再割煤。

⑤ 追机支护距离应符合作业规程的规定。

⑥ 采用预挂顶梁维护顶板的炮采工作面，每次爆破后，要及时挂梁控制顶板或按规定支设临时支柱。

⑦ 调角水平楔子必须水平插入顶梁牙口内，不允许垂直插入，正常情况下的插入方向是小头朝工作面上方，禁止用木楔或其他物品代替调角楔。

⑧ 升柱时，应用手托住调角楔并随升柱而及时插紧，当支柱升紧后，必须用锤将调角楔打紧。

⑨ 临时支柱的位置应不妨碍架设基本支柱，基本支柱未架设好，不准回撤临时支柱。

⑩ 顶板破碎，片帮严重地点，应掏梁窝挂梁，提前支护顶板。

⑪ 支护时要注意附近工作人员的安全和各种管线，要按规定留出炮道或机道。

⑫ 爆破后崩倒的支架，必须及时支设好。

⑬ 支柱使用前必须排除支柱内腔的空气。无论是初次下井的新支柱或维修好的支柱，在下井前均应进行升柱、降柱的空运行，至少两个循环（按最大行程），使支柱缸体内的空气排除干净。

⑭ 经常检查支柱的完好情况，发现三用阀失效、漏液、变形、弯曲、活柱表面锈蚀、顶盖缺少两个以上小爪或手柄损坏时，必须及时更换。

⑮ 经常检查铰接顶梁完好情况，发现两端接头损伤裂纹，各部焊缝开裂，弯曲，变形，耳子变形，连续缺“牙”不能卡支柱，销子弯曲或无销子时，应立即更换。

⑯ 检查注液枪时，发现漏液，损坏，变形，无密封圈或出液不正常时，应立即维修或更换。

2. 工作面特殊支护

1) 木垛

(1) 操作方法：

① 根据作业规程要求，确定垛位，清理垛位的浮煤、矸石。

② 选用合格的材料，在基本支柱的上方顺走向码放底层，然后再顺倾斜方向在底层上码放第二层，按此顺序一直码到接紧顶板为止。

③ 在靠顶板的二或三层间各角打好加紧楔子。

(2) 安全注意事项：

① 不准使用圆木、三棱木、绊子、腐朽木料、破损及变形的木料架设木垛。

② 木垛应选用规格长短一致的木料码成方形或三角形，若材料长短不齐，要求靠工

作面一侧沿倾斜必须码齐。

③ 木垛层面必须和工作面倾斜面一致，迎山角应与基本支架的迎山角一致。

④ 木垛各层的接触点上下必须在一条直线上。

⑤ 木垛长度不得小于排距，一般应不小于1.2 m。

⑥ 木垛搭接后伸出的长度应不小于0.15 m，而且要求互成90°。

⑦ 码木垛时，应先检查该处支架情况，如有折损、不齐全者，必须妥善处理后，才能架设木垛。

⑧ 架设木垛必须超前回柱15 m以上。

⑨ 在断层或裂缝处码木垛时，木垛必须分别架设在断层或裂缝的两边，不准在其正下方仅架设一个木垛。

⑩ 倾斜、急倾斜工作面的木垛下方必须支好护柱，在架设木垛前应在垛位上方设好挡板。

2）密集支柱或丛柱

（1）密集支柱或丛柱的操作与点柱相同。

（2）密集支柱或丛柱的数量，排、柱距，应符合作业规程要求。

（3）支设密集支柱时，每隔3~5 m留一安全出口，以便回柱放顶时出料和撤人。

（4）使用木柱时，其直径不得小于基本支柱的直径。

3）抬棚或戗柱

（1）抬棚或戗柱的操作顺序和质量要求与基本支架的操作顺序和质量要求相同。

（2）抬棚或戗柱的位置和数量，应符合作业规程要求。

（3）抬棚必须和基本支架接实，若有空隙，必须用木楔紧固。

（4）支设抬棚必须超前放顶10 m以上。

（5）戗柱应与放顶线垂直，戗在切顶排支柱的柱头，其戗角与放顶线成40°左右。若使用金属支柱和顶梁时，戗柱的柱头使用木柱帽。

（6）戗柱的柱脚应有柱窝或蹬在第二排切顶柱的柱根上。

4）端头四对八根长钢梁

（1）操作方法：

① 清理缺口柱位的浮煤、浮矸、准备好支柱和背顶材料。

② 在刮板输送机道靠煤壁侧成对的另一根钢梁上，挂上移梁器，托住被移钢梁。

③ 一人缓慢卸载降柱约0.1 m，同时一人扶住支柱，一人扶住钢梁的外端，迅速将钢梁前移。

④ 将钢梁放在准备好的支柱上，当钢梁移到位后，将顶背好，支柱补齐升紧。

（2）安全注意事项：

① 在正常情况下，必须保持一梁三柱，移输送机时可一梁二柱，移后应及时补齐。

② 必须同时有3人以上协同操作。

③ 钢梁要交替迈步前移，不得齐头并进。

④ 支柱时柱爪必须卡住长钢梁牙。

⑤ 变形的钢梁必须及时更换。

⑥ 禁止在缺口内无支护的情况下空顶作业。

四、采煤工作面片帮与顶板事故的危害及处理方法

（一）煤壁片帮

煤壁片帮是指在工作面前方支承压力作用下，煤帮（壁）或岩帮（壁）发生塌落的现象，如图4－16所示。

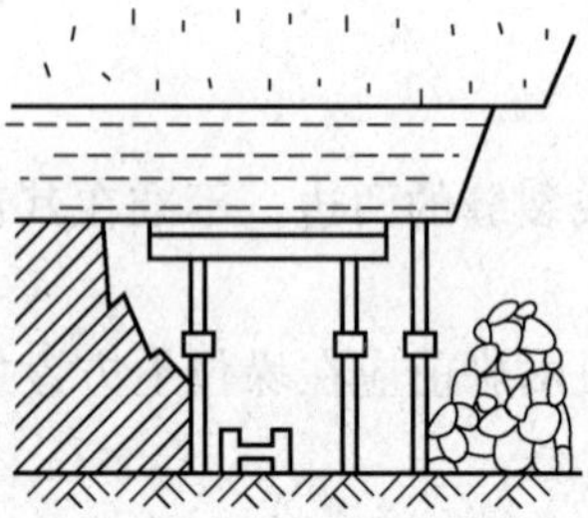

图4－16　煤壁片帮

采煤工作面在采高较大，煤质松软、煤层节理发育，以及节理与煤壁平行等情况下，在工作面周期来压期间、过断层等地质构造带时，都容易发生片帮事故，而薄煤层、煤质坚硬的工作面则较少出现煤壁片帮现象。煤壁片帮如果不加以控制，容易造成冒顶事故，在采高较大的工作面或仰采工作面，煤壁片帮还容易造成人员伤亡事故，因此煤壁片帮不容忽视。要防治煤壁片帮，可以采取以下措施：

（1）破煤后工作面煤壁应直、齐，及时打好贴帮柱或护帮板，减少对煤壁的压力。

（2）在片帮严重区域，应在贴帮柱上加托梁或及时超前移支架。

（3）煤质松软或采高较大时，除打贴帮柱外，还应在煤壁与贴帮柱间加横撑木。

（4）炮采工作面应合理布置炮眼，适当减少装药量，松软的煤帮要以震动破煤为主。

（5）底软的要穿鞋，防止顶压传递到煤帮。

（6）破煤后及时找掉伞檐和松软煤帮。

（7）减少空顶时间，随时支护，以减小对煤壁的压力。

（二）顶板事故

采煤工作面顶板如控制不当，往往会发生冒顶、煤壁片帮、大面积切顶、顶板台阶下沉等事故，如处理不当往往会发生人身伤亡事故，因此在回采过程中必须引起足够的重视，顶板事故发生后，应采取积极有效的方法进行处理。顶板事故是可以通过良好的支护设备、先进的管理方法等进行预防的。如果发生了冒顶事故，要立即查明事故情况，并及时处理和汇报。如果延误时间，小冒顶将发展为大冒顶，给处理冒顶带来困难。处理采煤工作面冒顶的方法，应根据采煤方法、冒顶区岩层冒落的高度、块度、冒顶位置和影响范围的大小来确定，处理冒顶方法主要有探板法、撞楔法、小巷法和绕道法4种。

1. 探板法

当采煤工作面发生局部冒顶的范围小、顶板没有冒严、顶板岩层已暂时停止冒落时，应采取掏梁窝、探大板木梁或挂金属顶梁的措施，即探板法来处理。具体处理步骤为：处理冒顶前，先观察顶板状况，在冒顶区周围加固支架，以防冒顶范围扩大；然后掏梁窝、探大板梁，板梁上的空隙要用木料架设小木垛接到顶部，架设小木垛前应先挑落浮矸，小木垛必须插紧背实，接着清理冒落矸石，及时打好贴帮柱、支柱大板的另一端加固支架，并根据煤帮情况，采取防片帮措施。

2. 撞楔法

当顶板冒落矸石块度小，冒顶区顶板碎矸石停止下落或一碰就下落时，要采取撞楔法来处理。具体操作是：处理冒顶时先在冒顶区选择或架设撞楔棚子，棚子方向应与撞楔方

向垂直，把撞楔放在棚架上，尖端指向顶板冒落处，末端垫一方木块，然后用大锤击打撞楔末端，使它逐渐深入冒顶区将碎矸石托住，使顶板碎矸不再下落，然后立即在撞楔保护下架设支架。撞楔的材料可以是木料、荆笆条、钢轨等。

3. 小巷法

如果局部冒顶区已将工作面冒严堵死，但冒顶范围不超过15 m，垮落矸石块度不大且可以搬运时，可以从工作面冒顶区由里向外，从上而下，在保证支架可靠及后路畅通情况下，采用人字形掩护支架沿煤帮输送机道整理出一条小巷道。整通小巷道后，开动输送机，再放矸，按原来的采高架棚。

4. 绕道法

当冒顶范围较大，顶板冒严，工作面堵死，用以上3种方法处理均有困难时，可沿煤壁重开切眼或部分开切眼，绕过冒顶区，如图4－17所示。新开切眼一般由下向上掘进，并留有适当小煤柱，靠冒顶区一侧用木板背严。

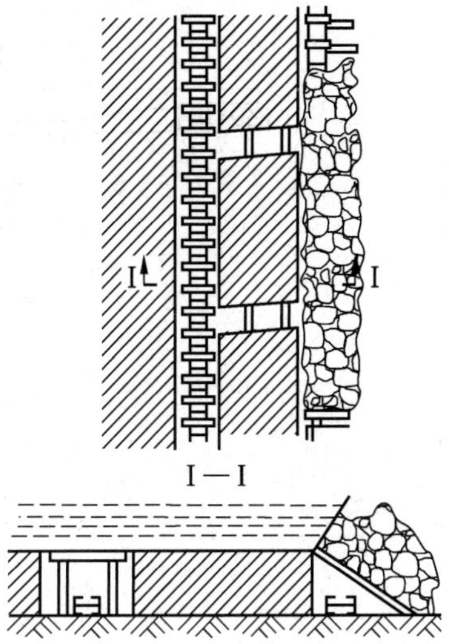

图4－17 绕道法

第四节 操作与维护刮板输送机

一、刮板输送机的类型及适用条件

刮板输送机是用刮板链牵引刮板运送散料的运输机械。煤矿用刮板输送机是专门用来运输煤炭的机械。刮板输送机的相邻中部槽在水平和垂直面内可有限度折曲的输送机称为可弯曲刮板输送机。目前煤矿用刮板输送机多为可弯曲刮板输送机。

刮板输送机根据采煤工艺的不同，可分为前部刮板输送机和后部刮板输送机；根据卸载方式的不同，可分为交叉侧卸、端卸刮板输送机，近几年又出现了重叠侧卸和铰接端卸刮板输送机；根据链条布置的不同，可分为中双链、中单链、边双链刮板输送机；按照运输能力，可分为轻型、中型、重型、超重型刮板输送机。依据刮板输送机的功能、用途以及工作环境等特点的，近几年出现了几种有代表性的类型，如10 m超大采高刮板输送机、超长工作面刮板输送机（运输能力3000 t/h、最大铺设长度480 m）、大倾角刮板输送机、充填刮板输送机、无煤柱自成巷刮板输送机、薄煤层刮板输送机等。

二、刮板输送机的主要结构及工作原理

1. 组成

图4－18所示为可弯曲刮板输送机的外形与结构图。其由机头部、机尾部和中间部、附属装置以及推移装置组成。

（1）机头部由机头架、电动机、液力联轴器、减速器、链轮组件等组成。

（2）机尾部是供刮板链返回的装置，由机尾架和尾轮架等组成。

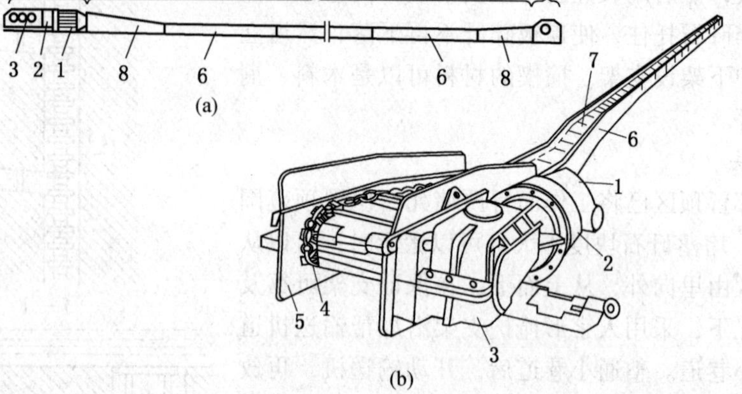

1—电动机；2—液力联轴器；3—减速器；4—链轮；5—机头架；6—中部槽；7—刮板；8—过渡槽

图 4－18 可弯曲刮板输送机的外形与结构

（3）中间部由中部槽、过渡槽、输送链和刮板等组成。

2. 刮板输送机的主要结构

1）传动装置

传动机构包括电动机、联轴器、减速器和主轴。它是刮板输送机的驱动机构，如图 4－19 所示。

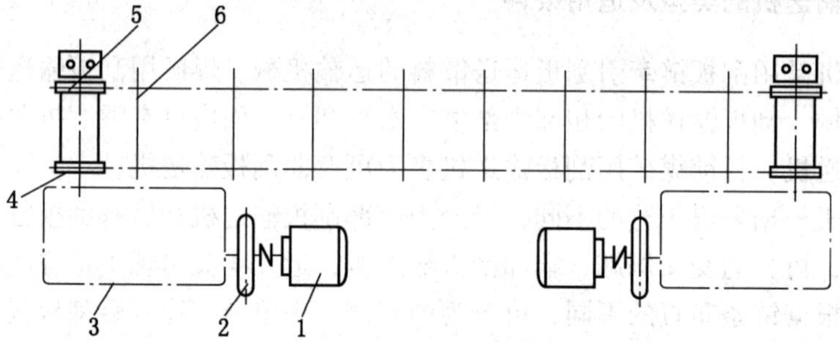

1—电动机；2—联轴器；3—减速器；4—链轮；5—主轴；6—刮板链

图 4－19 刮板输送机传动装置

（1）电动机。电动机是刮板输送机的动力源。在我国绝大多数煤矿中使用的刮板输送机的电动机功率一般为 40 kW、75 kW、125 kW 或更大，有的采用单电动机，也有采用双电动机或多电动机驱动。目前有的刮板输送机采用双速电动机驱动，在启动运行时使用低速，以提高电动机的启动转矩；在装载运煤量较大时使用高速，以满足运输能力大的要求，从而改善刮板输送机的运行状态。

（2）联轴节。联轴器是电动机与减速器或减速器与机头驱动主轴间的连接装置。其主要作用是传递动力和运动。目前在井下使用的联轴器主要有刚性和弹性两种。为了防止刮板输送机过负荷，一般联轴器均兼做过负荷时的保护装置。

(3) 减速器。刮板输送机减速器和其他减速器一样，都是用以改变电动机转数和传递电动机转矩的装置。刮板输送机减速器的基本结构按输入、输出的方向可分为两种：一种为直角布置即垂直布置；另一种为平行布置，如图 4-20 所示。

(4) 主轴。主轴是传动装置的主要部件，通过它带动主链轮后牵引刮板链运动。

2）刮板链

刮板链是刮板输送机的牵引机构。目前在我国煤矿井下使用的刮板输送机有双链（双边链，双中链）的和单链的，三链的应用很少。

图 4-21 所示的刮板链为应用在 SGW-40T 型、SGW-150 型刮板输送机上的刮板链。

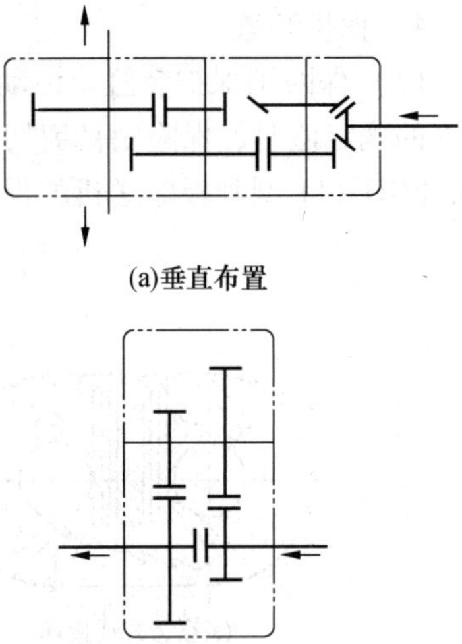

(a)垂直布置

(b)平行布置

图 4-20 刮板输送机用减速器

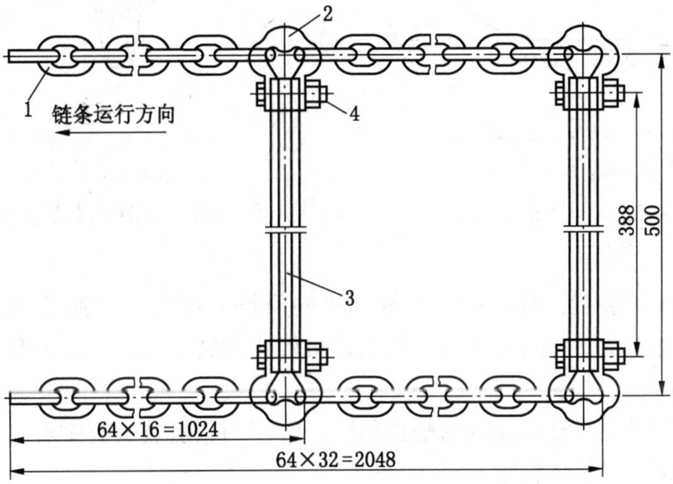

1—圆环链；2—连接环；3—刮板；4—螺栓

图 4-21 刮板链

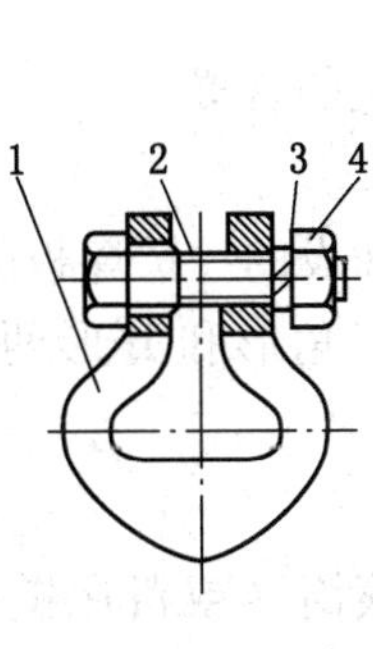

1—连接环；2—螺栓；
3—弹簧垫圈；4—螺母

图 4-22 开口连接环

刮板输送机用于开口连接环，14×50 连接环破断负荷应大于 225 kN，18×64 连接环破断负荷应大于 370kN。其连接环的形式如图 4-22、图 4-23 所示。

3）溜槽

溜槽是刮板输送机牵引链和货载的导向机构。溜槽可分为中间槽（标准溜槽）、调节槽（也称为短接）和连接槽（过渡槽）。中间溜槽的结构形式有敞底和封底两种。

4）保护装置

（1）保险销保护装置。传动链轮与主轴的连接通过保险销传递。当主轴上负荷超过允许的规定值时，保险销被剪切断裂，从而电动机空转，输送机停止工作，实现过负荷保护，SGD－11 型刮板输送机的保护装置如图 4－24 所示。

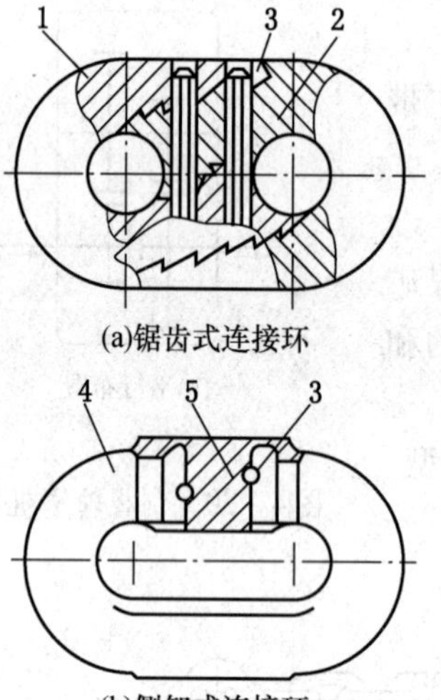

(a)锯齿式连接环

(b)侧卸式连接环

1、2—锯齿环；3—弹簧涨销；
4—侧卸环；5—连接块

图 4－23　圆环连接环

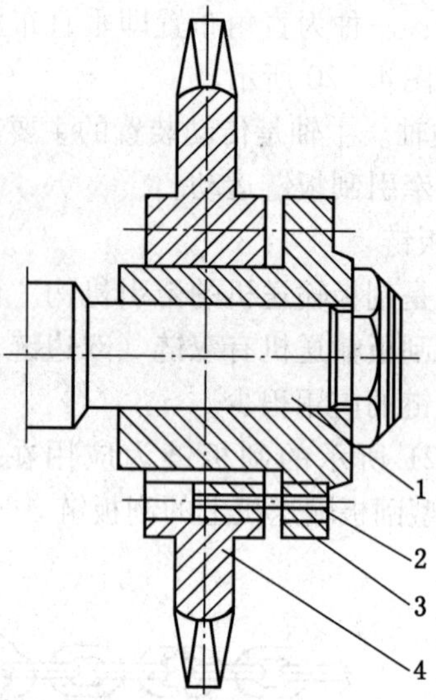

1—机头主轴；2—保险销；
3—连接器；4—链轮

图 4－24　SGD－11 型保护装置

（2）摩擦片保护装置。SGD－11 型输送机的摩擦片安装在减速器内，当机械过负荷时，减速器中的内外摩擦片间便打滑，使输送机停止运转，达到保护的目的。

5）紧链装置

紧链装置的作用是调整刮板链的松紧程度。常用的紧链装置有螺旋杆式、钢丝绳卷筒式、棘轮紧链器和液压紧链装置。

6）推移装置

在采煤工作面中采用单体支柱支护时，要有专门的推移刮板输送机的装置。

7）挡煤板和铲煤板

挡煤板是为了提高刮板输送机的运输能力，防止煤被甩入采空区而设的。铲煤板的作用是将煤壁的浮煤通过推移溜槽后装入溜槽。铲煤板的形式主要有三角形和 L 形两种，如图 4－25、图 4－26 所示。

3. 工作原理

刮板输送机的工作原理：刮板输送机用绕过机头链轮 4 和机尾滚筒（或机尾链轮）的无极循环刮板链作为牵引机构，以溜槽承装煤炭。开动电动机 1，带动液力联轴器 2 和减速器 3 驱动链轮，链轮与刮板链相啮合，带动刮板链连续运转，从而将煤炭运送到机头卸载段，达到运输的目的，具体如图 4－18 所示。

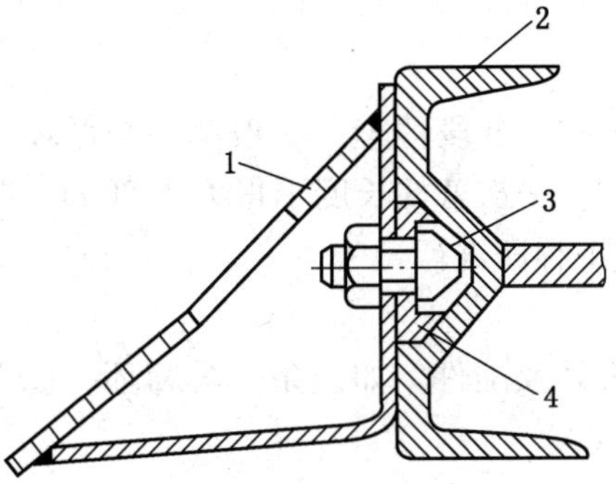

1—三角形铲煤板；2—槽帮钢；
3—异形螺栓；4—支座

图 4－25　三角形铲煤板

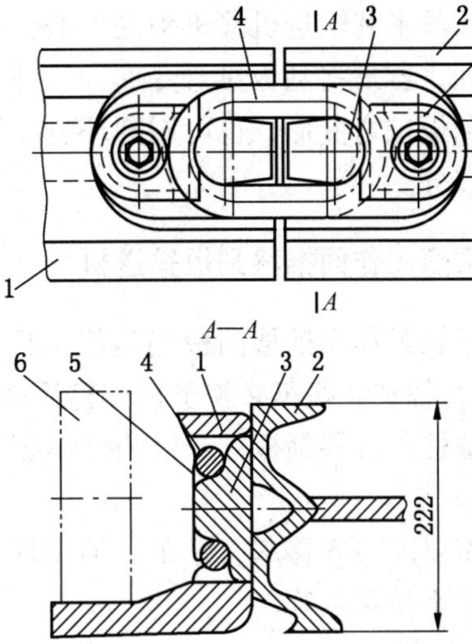

1—L 形铲煤板；2—槽帮钢；3—连接块；
4—圆环链；5—挡块；6—采煤机滚轮

图 4－26　L 形铲煤板

三、刮板输送机的移置方法

输送机的移置是回采工艺中一项繁重而又重要的工序。加快输送机的移置速度、提高移置质量是发挥采煤机效能，组织多循环作业的重要环节。

1. 有液压设备移置

输送机的移置主要靠千斤顶来完成。液压推移装置由液压千斤顶和供液设备（泵站）组成。千斤顶的最大推力为 3.15×10^4 N，一次可推进的工作行程为 760 mm。

液压千斤顶在中部槽处，每隔 6 m 一台，在机头、机尾处设 3 ~ 4 台。移刮板输送机时，输送机弯度不能大于 3°，弯曲段长度应大于 15 m。千斤顶应与中部槽保持垂直。

由于输送机机头、机尾质量大，有的还要和采煤机一起前移，因此推移阻力很大。为了保证千斤顶有足够的推力，在移机头（机尾）时，应使工作面其他千斤顶停止工作。有的还将输送机的机头和机尾改为滑橇式，以减小推移时的阻力。

利用液压千斤顶推移机头（机尾）时，方法比较简单，移置的施工质量较好并且可不停车，有利于发挥采煤机的效能。

2. 无液压设备移置

在没有液压设备移机头（机尾）时，也可采用下列方法：

（1）利用区段平巷小绞车移机头。在下区段平巷内设一台小绞车，将钢丝绳挂在机头架上，开动绞车，即可将机头移到新位置。输送机的机尾可用上区段平行内的回柱绞车拉移。

（2）利用区段平巷输送机移机头。把钢丝绳（或链条）的一端挂在机头架上，另一端与区端平行内输送机的刮板链条连接，然后“点”开区段平巷内的输送机，即可将机头拉到新位置。

利用区段平巷输送机移机头的方法，不用增加设备，速度较快，但对区段平巷输送机的维护不利，容易将刮板拉弯变形，另外多次“点”开输送机，也影响电动机使用年限。为了避免刮板拉弯变形，也可用圆环链改制成软刮板，分别安设在区段平巷输送机的前、中、后3部分。

四、采煤工作面推移刮板输送机

长壁采煤工作面推移刮板输送机只能分段替柱、分段移车（一般就一个循环进度为1 m为例）。替柱、移车必须坚持先打后撤的原则，一次替柱长度不得大于20 m，严禁大面积同时替柱。推移刮板输送机的操作必须按以下程序进行。

1. 准备工作

根据需要准备齐移车、延车、缩车所用的工具及配件，如链条、马蹄环、扳手、螺栓、钳子、手拉葫芦等。

2. 检查处理

检查以下项目，发现问题必须在移车前处理完毕，不能单独处理时，必须汇报和配合班长、机电工等及时妥善处理后方可工作。

（1）检查顶梁、水平销子是否可靠。

（2）检查进度是否符合作业规程规定。

（3）检查新机道及采空区侧浮煤、杂物等是否清理干净，新机道是否平整，不平应刨平或衬平。

（4）检查中部槽是否缺销、脱节或掉链。

（5）供液系统是否漏液，压力是否正常，注液枪是否灵活可靠。

（6）检查管线吊挂是否整齐。

（7）检查移溜器是否生根牢固可靠。

（8）检查新机道内是否有未回撤的支柱。

3. 推移刮板输送机的顺序

采煤工作面推移刮板输送机的顺序可以由上而下、由下而上或由中间向两端进行，严禁由两端向中间进行，防止拱车。

4. 推移刮板输送机的操作顺序

自上而下推移刮板输送机的操作顺序如下：

（1）将移溜器生根牢固。用木料顺山支在人行道或材料道采空区侧两根正规有劲支柱处，移溜器以此生根，其前端应垂直顶在中部槽帮的凹处。

（2）新机道内不得有人。

（3）与刮板输送机司机联系，停车准备移机尾。

（4）移机尾时要停车，回撤机尾压车柱，向机尾移溜器供液，将机尾移到位置后立即停止供液，打好机尾压车柱。移机尾时应使两台移溜器同时移动，协调作业。

（5）机尾压车柱打好后，与刮板输送机司机联系，开动工作面刮板输送机，准备移中部槽。

（6）根据现场情况，开动两台以上移溜器自上而下协作进行移车，两台移溜器间距不大于6 m，推移段刮板输送机的水平弯曲度不得大于3°。

（7）当移到距刮板输送机机头 15～20 m 时，应停止移动刮板输送机并停止工作面刮板输送机进行，切断机巷最后一部车电源，准备移机头。

（8）移机头时要打紧车窝所有水平销，停车，撤掉机头压戗柱、机头处煤帮侧支柱，开动移溜器将刮板输送机机头及剩余段同时移到规定位置，停止移车并打紧机头压戗柱。移机头时要有 2 台移溜器同时操作进行。

5. 自下而上推移刮板输送机

停工作面刮板输送机，切断机巷最后一部车的电源→撤机头压戗柱、煤帮侧支柱→移机头→打机头压戗柱→开车→移溜槽→停车→撤机尾压车柱→移机尾。

移车过程的要求同上。

6. 从中间向两头推移刮板输送机

开车→推移溜槽→停车→移机头（尾），其他同上。刮板输送机推移完毕后，要试车至少两圈，不合格要立即进行处理。

第五节　回 柱 与 放 顶

一、采空区处理方法

采空区的处理方法主要根据顶底板岩层的力学性质及其层位组成、煤层的厚度、地面的特殊要求（如河流、铁路、建筑物下采煤）等因素选择，主要有全部垮落法、充填法、缓慢下沉法和煤柱支撑法。

1. 全部垮落法

全部垮落法处理采空区就是对工作面以外的采空区的顶板，在撤去支架支撑的情况下，让其自行垮落或强迫其垮落，以减少工作面的顶板压力。垮落的岩石因具有一定的碎胀性，可以充填采空区，当垮落的岩块能填满采空区时，它可对基本顶有一定的支撑作用，从而减轻基本顶对工作面的影响。

在采用全部垮落法时，使顶板自行垮落或强迫其垮落的过程称为放顶。撤除放顶区的支柱称为回柱。

工作面沿走向一次放顶的宽度称为放顶步距。放顶步距的大小应根据顶板岩石性质和循环进度确定。放顶步距过小将增加放顶次数，顶板也不易充分垮落。放顶步距过大，顶板下沉量及顶压增加，冒落块度大，可能造成顶板事故。放顶步距应与工作面推进速度和支护方式相适应。

放顶前工作面沿走向的最大宽度称为最大控顶距。为使回采工作正常进行，放顶后工作面沿走向的最小宽度，即回柱放顶之后从放顶线到工作面煤壁的距离称为最小控顶距，最小控顶距要满足通风、行人、运料和工作的需要。

最大控顶距为放顶步距与最小控顶距之和。为了减少顶板对支架的作用时间和柱梁占用量，降低顶板下沉和变形破坏的程度，应尽量减少最大控顶距。

最小、最大控顶距以及放顶距应根据顶板岩石性质、回采工作空间的需要、采煤工艺和保证人员的安全因素确定。

全部垮落法的作业范围主要是放顶区，即从原切顶线到新切顶线的区域。全部垮落法处理采空区的主要工作，是在切顶线架设作业规程规定的特殊支架（如密集支柱、丛柱、木垛、戗棚及戗柱等）和回柱放顶，在综采工作面主要是移架。

全部垮落法处理采空区的方法，适用于顶板较易垮落的工作面，直接顶厚度大于采高的2~4倍时效果最好。本书主要介绍全部垮落法下的回柱与放顶工作。

2. 充填法

利用充填材料将采空区充满的顶板控制方法称为全部充填顶板控制法。全部充填顶板控制法，按照其向采空区输送材料的特点，可分为自溜充填、机械充填、风力充填、水力充填等几种。目前，我国除部分急斜煤层应用自溜充填法以外，其余均采用水力充填，或称水砂充填。水砂充填顶板控制法的特点是，利用水力将充填材料输送到井下采空区内。水砂充填顶板控制法适用于厚煤层倾斜分层，分层的回采顺序为上行式。在建筑物下、铁路下和水体下采煤时，也采用这种顶板控制方法，其目的是利用充填材料支撑顶板，减少上部岩（煤）层移动而不至于垮落。

在开采坚硬顶板薄煤层时，顶板难以垮落，为了有效控制顶板，减轻其对工作面的压力，采用局部充填法。局部充填法（图4-27）就是利用人工砌筑的矸石带支撑直接顶及控制顶，借以减轻顶板对工作面的压力。砌筑矸石带所需的矸石可从工作面采石巷中挑顶或挖底取得，也可利用煤层中采出的夹石以及开掘巷道、维修巷道所得的矸石等。采石平巷垂直于工作面方向推进，用打眼爆破方法爆落矸石。如果顶板容易挑落，最好挑顶取矸，但是实际工作中为了保持顶板的完整性，却常采用挖底的方法。矸石带一般砌筑在采石平巷下方，在水平或倾角不大的煤层中，矸石带也可在采石平巷两侧砌筑。

充填法处理采空区主要适用于开采特厚煤层及水体下、铁路下和建筑物下采煤。

3. 缓慢下沉法

缓慢下沉法处理采空区，其实质是当工作面采高不大时，利用顶板岩层具有的塑性可弯曲性能，使之在采空区弯曲下沉而不垮落，直至与底板岩层相接触，从而充满采空区并控制上覆岩层的活动。它主要适用于开采塑性顶板的薄煤层，当底板具有底鼓性质时更为合适。

4. 煤柱支撑法

煤柱支撑法处理采空区，其实质是工作面推进一段距离后，在采空区留下适当宽度的煤柱来支撑顶板。这种方法主要在煤层顶板非常坚硬难垮的岩层（如砾岩、厚层砂岩顶板）时使用，如图4-28所示。

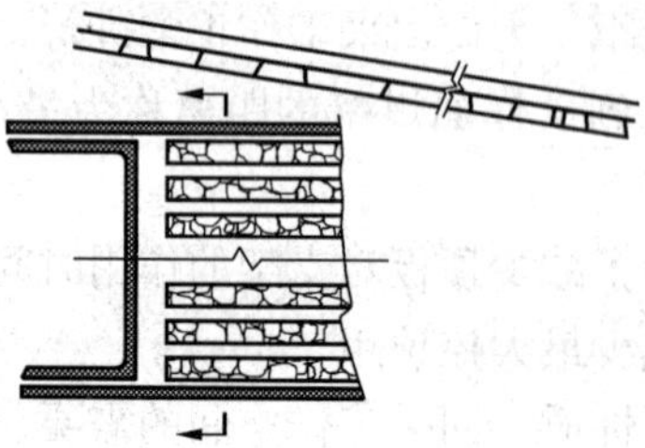

图4-27　局部充填法

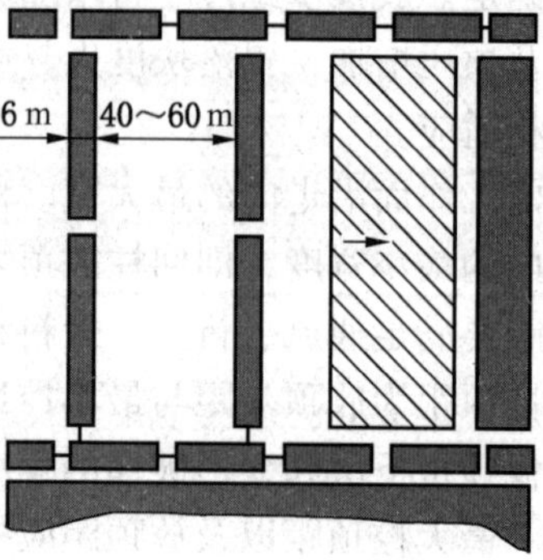

图4-28　煤柱支撑法

二、回柱

回柱与放顶是采煤工艺中两个重要的工序，它不仅关系到完成生产任务的好坏，更重要的是关系到人身安全。为此，在进行回柱与放顶的作业时，必须严格按作业规程和操作规程作业。回柱有人工回柱与机械回柱两种方式。

在顶板比较稳定、支柱承载不大而且回柱时顶板不会立即垮落的情况下，可用人工回柱方式。而对于顶板松软、支柱经常被垮落的矸石埋压时，应尽量采用机械回柱。

1. 机械回柱

（1）回柱绞车的选用及其安设位置。目前使用的回柱绞车主要有 JH－5 型、JH－8 型、JH－14 型和 JH－20 型等。JH－14 型和 JH－20 型回柱绞车电动机功率及卷筒容绳量较大，因此，在工作面使用一台绞车回柱时，多采用这种绞车。当工作面需要多台绞车回柱时，宜选用 JH－5 型、JH－8 型绞车，较为轻便。

回柱绞车一般安设在回风巷。绞车位于工作面前方 20～30 m 处。这样布置的优点是回柱绞车搬移次数少，回柱绞车的维修及保养条件好。缺点是增加了一套变向装置且拉空绳时较费力。此外，当回风巷采空区上角瓦斯超限时，需停止回柱绞车工作。这种安设位置适用于顶板压力小、煤层倾角小、采空区瓦斯涌出量小的工作面。安设在工作面内适于多台绞车同时回柱。

（2）回柱方法。回柱方法有很多，目前主要采用小绳头回柱法。小绳头回柱法是指回柱时，用与主绳连接的一根或几根小绳拴住应回的支柱，开动绞车后，将一组或几组支柱回出。小绳一般是软钢丝绳，比固定在回柱绞车卷筒上的主钢丝绳细。根据小绳数目的不同，又可分为单绳头回柱法、双绳头回柱法和多绳头回柱法。当顶板破碎时，更适宜使用这种方法。单绳头回柱法可用于各种复杂的条件，双绳头回柱法效率较高，适合在回收棚子时使用。

（3）回柱器械。主要有远距离卸载装置及吊挂滑轮。

2. 人工回柱

人工回柱一般都要分段进行，为保证回柱工作的安全，应认真选择分段收口位置，做好收口处放顶前的准备工作。

（1）划分分段。人工回柱的效率较低，为了加快回柱速度，应将工作面分为数段。分段的长度，根据顶板情况而定，一般为 15～25 m。每段由两人以上配合进行回柱。

（2）选择分段的收口位置。分段的收口位置即分段内结束回柱的位置。为了避免回撤最后一两根支柱出现困难，选择收口位置时应注意使收口处周围采空区顶板充分垮落，矸石充填率较高；保持收口处顶板完整，附近支柱排列整齐；保证安全出口宽敞，不被矸石或其他设备堵塞。收口位置选好后，应做好收口处回柱前的准备工作。

（3）收口处回柱前的准备工作。回柱前在分段处用支柱或挡木等圈出一定范围，并在其中充填该处顶板垮落下来的矸石，以形成一个人工构筑物。这个构筑物，一方面，可以作为两分段间的屏障，使上分段垮落的矸石不致滚落到下一分段；另一方面，由于顶板在该处预先垮落，截断了两分段交界处的顶板，使相邻分段放顶时，不致波及下一分段。

（4）回柱。邻段收口准备工作完成后，即可开始回柱。回柱时，应按照先难后易、先里后外、先下后上的顺序进行回柱工作。在顶板较破碎的条件下进行人工回柱，容易出现埋压支柱的现象。如出现埋柱现象，需采用机械回柱的方式将柱拉出。

3. 工作面开采初期的回柱工作

因为工作面开采初期回柱后顶板一般不垮落，等到悬露一定面积后会发生突然垮落。初次垮落的大块矸石极易撞倒支架，有的甚至发生大型顶板事故，所以必须重视开采初期的回柱工作。

工作面开采初期的回柱工作具体的操作方法是，当工作面采到四排支柱时，开始回撤开切眼的旧支架。不论工作面支护设计有无密集切顶支柱也要在末排支柱处支设密集支柱，每隔 5 m 留一安全口，以备观察顶板活动状况和回撤开切眼支架之用。

回撤开切眼支架的顺序，先用绳将里侧的棚腿拴好，将绳头拉外边，然后将支架的中间柱和外侧柱回撤，最后用钩斧或其他长炳工具将棚腿、顶梁及背板等木料取出。

当工作面推到设计的最大控顶距时开始正常回柱与放顶，回柱方式与正常回柱操作相同。如顶板较坚硬或顶压较大时，可把密集支柱加强到双排，采取强制放顶措施加速顶板初次垮落。如果工作面推进到超过预计的初次垮落距仍未普遍垮落而顶压也较大时，应该加设双排密集支柱或支设丛柱、木垛等加强支护。直到顶板初次垮落后采空区垮落的矸石高度超过密集支柱，没有较大顶板事故发生的可能时，可撤出加强支护，按正规回柱与放顶作业。

4. 回柱作业时的注意事项

（1）回撤无伸缩量的死柱时，要先打临时支柱，通过挑顶、挖底的方法将其取出，严禁用炮崩或用机械强行回撤。

（2）取柱时不应使用短柄工具，更不准直接进入采空区取支柱。

（3）对回柱后不易垮落的顶板，要采取强制放顶等措施，使其垮落。

三、放顶

1. 密集支柱放顶

沿工作面放顶线支设密集支柱等特种支架（切顶支架），撤除特种支架以外的支架后，悬空的顶板随即折断垮落，这种放顶方式称为有密集支柱放顶。切顶处支架的工作阻力远大于工作面普通支架，这种放顶方式适用于直接顶比较稳定，而基本顶来压又比较明显的工作面。

2. 无密集支柱放顶

当工作面顶板较破碎，无法用密集支柱控制基本顶，以增加切顶处支架支撑力时，应使用无密集支柱放顶的方法，如图 4－29 所示。

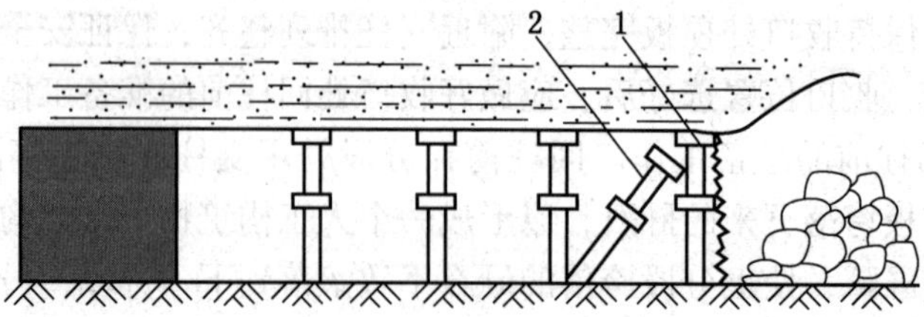

1—挡矸帘；2—斜撑柱

图 4－29　无密集支柱放顶挡矸法

3. 坚硬顶板条件下的放顶

当顶板岩层坚硬，回柱后顶板不能自行垮落，在采空区形成大面积悬顶时，严重影响工作面的作业安全。对于坚硬顶板，目前一般采用人工强制放顶，具体方法有对顶板进行预爆破、对顶板预注高压水、软化顶板岩层。此外，适当增加支架工作阻力也有利于切断采空区顶板。

1）对坚硬顶板进行预爆破

使用这种方法时，在采煤工作面前方的顶板中，预先钻深孔，进行超前爆破。爆破破坏了顶板岩层的完整性，扩大了岩体中的节理及裂隙，提高了顶板的垮落性能。苏联在一些矿区采用此法，获得较好的效果。试验表明，打垂直于工作面方向的钻孔，进行超前爆破，效果最好。

2）对坚硬顶板预注高压水

在工作面前方，预先打深钻孔，注以高压水，注水压力可先以 18 ~ 80 Pa 的高压水使岩石湿润，当钻眼进入工作面前支承压力范围内，再以 120 ~ 250 Pa 的高压水注入，每孔注水量约为 50 m^3。顶板岩层注水后，可降低岩石强度及层间黏结力，增加岩体裂隙，使回柱或移架后顶板能自行垮落。该方法在许多国家得到广泛使用。

3）随工作面推进在采空区进行爆破

采用这种方法时，在工作面内向顶板打浅眼或深孔。爆破后直接将顶板崩落下来，被崩落的矸石能够充满或基本充满采空区，从而对上覆岩层起到支承或垫层作用。同时，由于爆破时破坏了顶板岩层的完整性，使上覆岩层较易垮落，也使垮落时的冲击强度得以减弱。按炮孔深度，这种方法又可分为浅眼爆破及深孔爆破两种。浅眼爆破人工强制放顶，使用风钻或岩石电钻，在密集支柱内向顶板打眼，眼深 1.5 ~ 2 m。这种方法简单易行，适用于不太坚硬的顶板岩层，如图 4 – 30 所示。

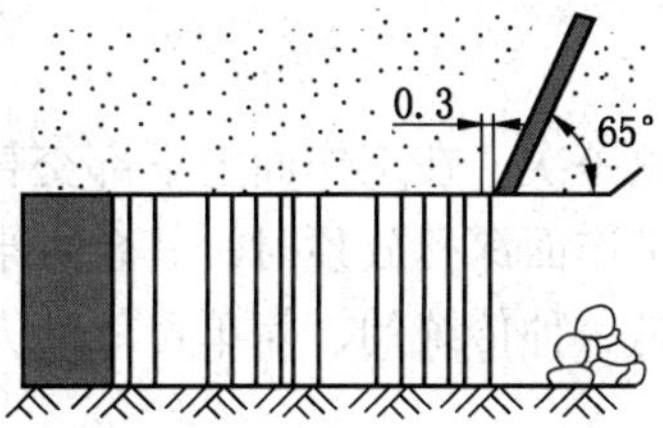

(a) 眼位图

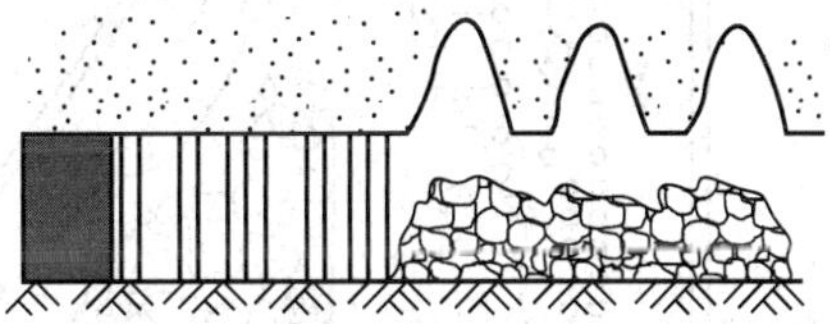
(b) 放顶状况

图 4 – 30　人工强制放顶

深孔爆破人工强制放顶，根据顶板岩石性质及其活动规律，又可分为"步距式放顶"及"台阶式放顶"两种。

（1）步距式放顶（图 4 – 31）。在工作面初次来压及周期来压前布置两排深孔，孔径为 60 ~ 64 mm，孔距为 6 ~ 8 m，仰角为 50° ~ 60°，孔深为 6 ~ 7 m，装药量为 8 ~ 10 kg，封泥长度为 1 m 左右，连续进行两次深孔爆破。爆破后，顶板被切断，形成一道高度为 5 ~ 6 m、宽度为 2 m 左右的深槽，可消除或减轻周期来压，同时每循环配合浅孔小眼（孔深 2 ~ 3 m，孔径 42 mm）放顶，以减轻顶板部分的压力，保证回柱作业的安全。

（2）台阶式放顶。对于来压步距小、来压规律不十分明显的煤层，可采用台阶式放顶法，如图 4 – 32 所示。沿工作面将放顶线分为上下两部分，放顶工作随工作面循环进行，第一循环先放一半工作面，第二循环再放另外一半工作面，这样每推进两个循环全工

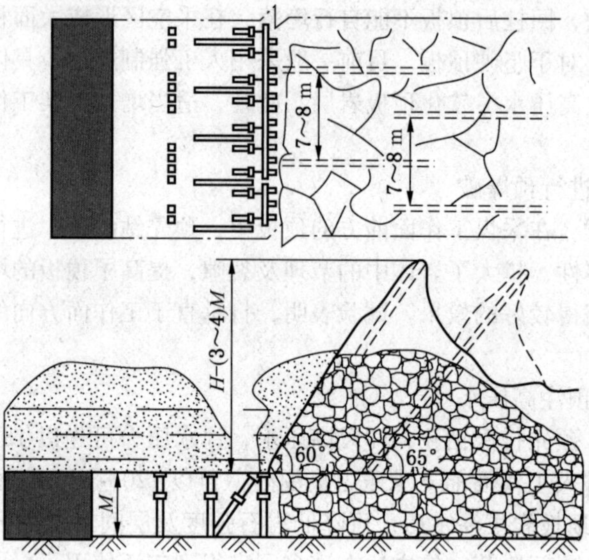

图 4 - 31　步距式放顶

作面放顶一次，在工作面上下部交替形成台阶。深孔爆破的各项参数和步距式基本相同。在一半工作面深孔放顶时，其余一半工作面仍要配合浅孔小眼放顶，以保证回柱作业的安全。这是一种传统的、简单可靠的方法。在采用各类支架的长壁工作面中都可采用。

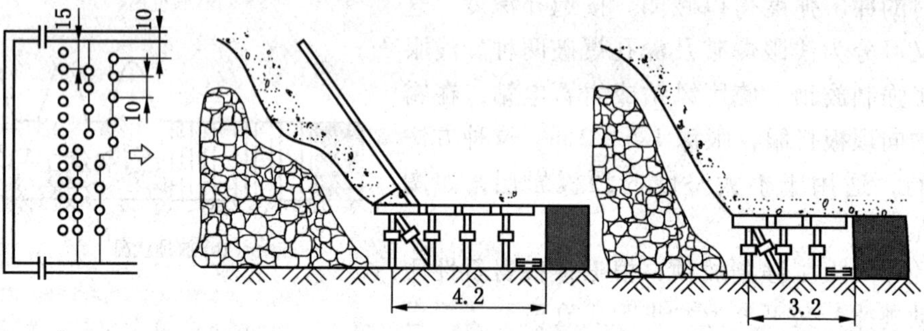

图 4 - 32　台阶式放顶

4. 综合放顶措施

同时应用几种方法实现坚硬顶板的人工强制放顶称为综合放顶措施。如在工作面中采用注水软化顶板的方法，而在工作面端头采用深孔爆破法，使顶板能沿工作面全长较完整地垮落；在顶板稳定区域内，采用预注高压水方法，而在地质破坏带采用深孔爆破法。

四、回柱放顶时的安全技术措施

《煤矿安全规程》规定，采煤工作面用充填法控制顶板时，必须及时充填。控顶距离超过作业规程规定时，禁止采煤。

采煤工作面用垮落法管理顶板时，必须及时放顶。顶板不垮落、悬顶距离超过作业规程规定的，必须停止采煤，采取人工强制放顶或者其他措施进行处理。

放顶的方法和安全措施，放顶与爆破、机械落煤等工序平行作业的安全距离，放顶区内支架、支柱等的回收方法，必须在作业规程中明确规定。

放顶人员必须站在支架完整，无崩绳、崩柱、甩钩、断绳抽人等危险的安全地点工作。

回柱放顶前，必须对放顶的安全工作进行全面检查，清理好退路。回柱放顶时，必须指定有经验的人员观察顶板。

采煤工作面初次放顶及收尾时，必须制定安全措施。

第三部分
采煤工中级技能

第五章

生 产 准 备

第一节 采煤工作面的正规循环作业

一、采煤工作面正规循环作业的概念与内容

正规循环作业是煤矿生产的一项基本的、科学的生产作业制度，在采煤工作面实行正规循环作业，是实现煤炭安全生产、均衡生产、优质、高效的有效措施，是提高现场管理水平和技术水平的有效途径。

根据采煤工作面生产过程配备工种和定员，在一昼夜内按照一定的采煤程序，保质保量按时完成作业规程中循环作业图表规定的生产任务，保持周而复始、不间断地进行作业组织形式，称为采煤正规循环作业。生产实践证明，凡是推行正规循环作业的单位，就能充分发挥矿井的生产能力，充分利用采煤工作面的空间和时间，达到高产、高效、优质、安全、低耗的目的。

（1）循环方式。循环方式取决于工作面煤层赋存及生产技术条件和管理水平，一般有一昼夜一循环、一昼夜二循环、一昼夜三循环以及一昼夜三循环以上的多循环等。在工人技术水平高、装备好、管理好的工作面，应积极组织采用多循环作业，最大限度地发挥工作面生产能力。

工作面昼夜循环数的确定主要考虑每个循环各工序在时间上和空间上的严密配合及其所延续的时间。具体安排工序时应注意以下问题：①要保证主要工序顺利进行；②处理好主次关系，各工序既要紧密配合，又不互相干扰；③要善于抓薄弱环节，解决好薄弱环节存在的问题；④各工序的作业，应保证工人的作业安全。

（2）作业形式。作业形式是指在昼夜 24 h 内生产班和准备班在时间上的分配形式。它必须与全矿井的工作制度和工作面循环方式相适应。选择作业形式，应从集中生产时间出发，在保证足够的准备检修时间的前提下，以最短的生产时间完成循环方式中规定的工作量，从空间上和时间上使采准工序有节奏地进行，达到：①辅助工最少，工时利用率高，劳动效率高；②充分利用设备，避免设备空载或轻载运转，减少电力消耗；③能尽早地回柱放顶，缩小控顶距，减少顶板压力。

综采一般为“四六作业”，即三班生产，一班检修，也有的采用“三八作业”，即二班生产，一班检修准备；普采或炮采一般采用两班采煤、一班准备的两采一准作业形式或

三班采煤采准平行作业。

(3) 循环进度。普采、炮采一般为铰接顶梁长度的 1 ~ 2 倍，综采目前现场习惯将一次进刀、移架距离算作一个循环进度。

(4) 劳动组织。采煤工作面劳动组织是指各工种人员的配备及其组织形式。劳动组织与循环进度、循环次数、作业方式、工作面长度及顶底板条件等因素密切相关。

目前，炮采工作面的劳动组织多采用专业和综合工种相结合的形式。打眼爆破、机电维护、输送机司机、泵站司机等设专人负责，其他工种则按工作面长度、出勤人数、工序安排、地质条件和设备条件等，确定分段长度，各段的支、采、回任务分到班组。

(5) 循环率。按照煤层的地质条件、工作面机械装备，日进单循环或双循环的工作面，月正规循环率一般不低于 75%；日进三循环或多循环的月正规循环率不低于 70%。

采煤工作面月正规循环率的计算办法如下：

月正规循环率 = 全月实际正规循环个数/(全月工作日数 × 作业规程规定的日循环个数) × 100%

二、循环作业图

循环作业图是以工作面长度为纵坐标，一般一格为 10 m；横坐标表示作业班及时间，每一小格代表 1 h。各工序都以不同形象的符号表示（称为图例），画入图中。如某工序从什么时间、在工作面的什么位置开始作业，到什么时间、什么位置结束作业，用该工序的代表符号画出来。图 5 - 1 所示为某炮采工作面的循环作业图。该工作面长 100 m，以“三八制”两采一准的作业方式进行正规循环。第一班是采煤班，工序有打眼爆破，从 22 点，在工作面 40 m 处向上作业到 3 点完工；装煤从接班时由工作面下端，向上作业到 4 点完工；移刮板输送机工序随装煤进行到 5 点完工；支护工序也在移输送机后进行到该

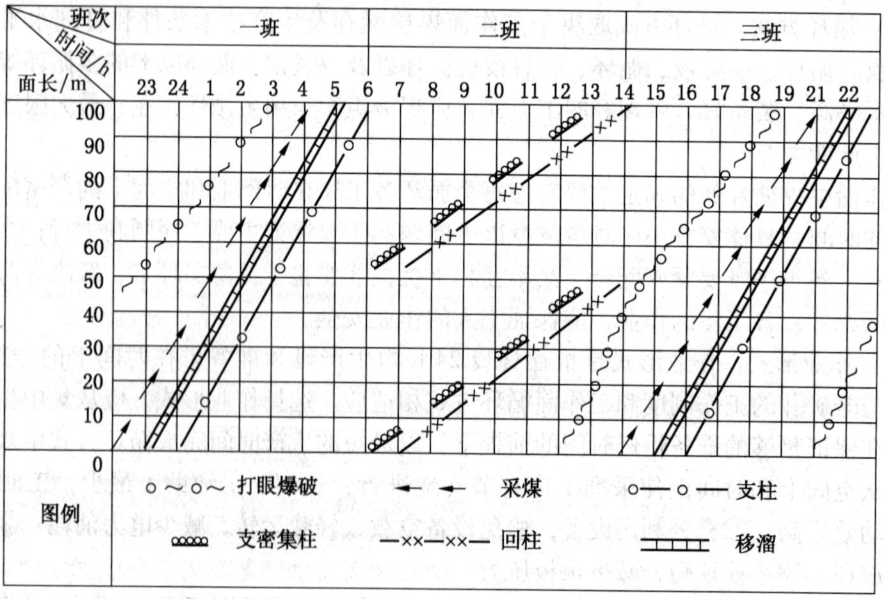

图 5 - 1　炮采工作面的循环作业图

班交班时完工。第二班是准备班，工作面分两大段平行作业，即支密集支柱和回柱同时进行，每段都在 8 h 内完工；同时在工作面 40 m 以下地段打眼爆破，以便下个采煤班接班时该段就能装煤。第三班与第一班工序基本相同，不同点是，给下一个采煤班留 40 m 爆破完的煤。

三、劳动组织表

劳动组织表是方格式的图表，表内填写了工作面每班所需的工种和人数并用粗线画出工种作业的时间。表 5－1 为某炮采工作面的劳动组织表。

表 5－1　炮采工作面劳动组织表

工　种	出勤人数				班次		
	一班	二班	三班	合计	采煤班	准备班	采煤班
班　长	1	1	1	3			
采煤工	16		16	32			
支柱工	8		8	16			
打眼工	4		4	8			
爆破工	1		1	2			
移溜工	2		2	4			
刮板输送机司机	1		1	2			
回柱工		16		16			
机电维修工	2	4	2	8			
合　计	35	21	35	91			

第二节　采动后矿山压力分布的一般规律

一、支承压力

支承压力是指在岩体中开掘巷道，在煤层进行采煤时，巷道两侧或采煤工作面周围煤壁内形成的高于原岩应力的垂直集中应力。工作面的开采活动破坏了上覆岩层的应力平衡状态，引起了应力重新分布，其特点是：在工作面附近形成了应力升高区和应力降低区，应力升高区内顶板岩层对煤层的压力，即为支承压力，所以支承压力实质上是应力降低区上方悬伸的基本顶及其上覆岩层的重量引起的。

支承压力不是常量，它的分布范围和大小在不同的条件下变化很大，其影响因素有：

（1）悬伸顶板的重量。开采深度、上覆岩层的密度以及采空区顶板实际的悬空面积越大时，悬空部分上覆岩层的总重量越大，支承压力的分布范围和集中程度也越大。开采深度和岩石密度是客观存在的，不能人为改变，但采空区的悬空面积是可以采取不同的技术措施改变的。如及时回柱放顶，对坚硬顶板采取人工强制放顶等，则可尽量减少悬伸顶板的长度；采用充填法处理采空区时，其支承压力要比全部垮落法小得多。

（2）顶板岩石的性质。顶板岩石越坚硬，顶板压力分布越均匀，支承压力的分布范围越大，压力的集中程度就比较小。如果顶板的构造裂隙发育，顶板岩石就会被“弱化”，这时支承压力则变小，分布范围也不大。

（3）煤的强度。煤层越松软，变形和破坏的程度越高，则支承压力的分布范围越大，集中程度越低，反之亦然。

采煤工作面发生的顶板下沉、底鼓、煤壁片帮等矿山压力显现，主要是由支承压力引起的。另外，在一定条件下，支承压力的作用还会引发冲击地压等现象。为了减轻或避免支承压力对工作面采煤、回采巷道的危害，改善采区巷道的维护状况，就必须掌握采煤工作面周围支承压力的分布规律。

二、采煤工作面周围支承压力分布

1. 工作面前后方支承压力

工作面前后方支承压力分布的一般规律如图 5－2 所示。具体分布形状与采空区处理方法有关，如图 5－3 所示。

工作面前后方支承压力的分布具有以下特征：

（1）工作面前方支承压力区，即图 5－2 所示的应力升高区。是从工作面煤壁前 2～3 m 处开始，一直延伸到 20～30 m 或更大的范围。压力的峰值区，根据具体情况，约在距煤壁 4～10 m 处，峰值的大小可比原岩应力高 1～3 倍。该区在工作面两巷基本属于要求超前加强支护的范围。

（2）工作面后方支承压力区，即采空区支承压力，如图 5－2 所示。工作面后方支承压力远比工作面前方支承压力小，其峰值可能比原岩应力稍大，某些情况下，如采深太大或岩性的影响，致使开采后岩层移动未能波及地表，此时将出现图 5－3 中曲线 4 的状态，即采空区的支承压力有可能恢复不到原岩应力值。

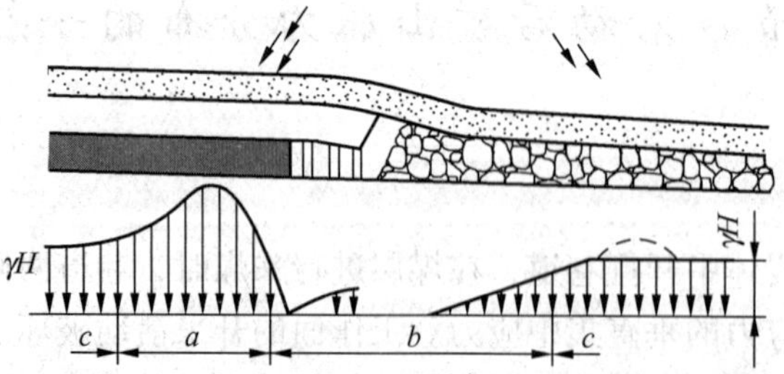

a—应力升高区；*b*—应力降低区；*c*—原岩应力

图 5－2　工作面前后方支承压力分布的一般规律

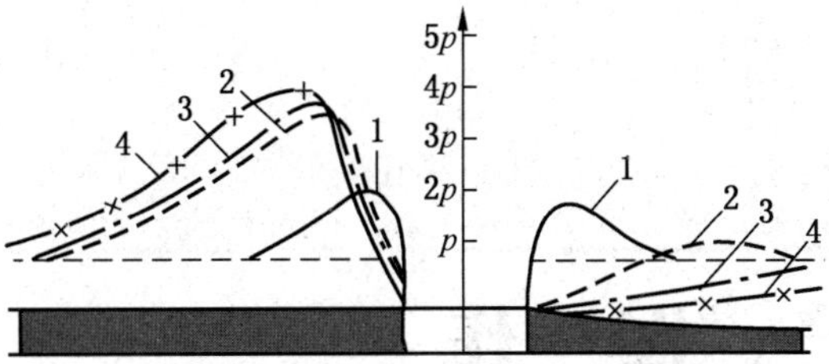

1—刀柱法；2—垮落法或充填法；3—坚硬顶板壁顶；4—其他

图 5－3 不同采空区支撑条件下工作面前后支承压力分布

（3）工作面前后方支承压力是随着工作面推进而不断向前移动的，所以也称它为移动支承压力。

（4）应力降低区位于工作面前后方支承压力区之间，工作面正处于该范围内。

2. 工作面上下方及原开切眼附近煤体上支承压力

在走向长壁工作面沿倾斜上下方及工作面后方原开切眼附近煤体上同样可形成支承压力，它的特点是并不随采煤工作面的推进而发生明显变化，所以又称为固定支承压力。固定支承压力的分布形式和移动支承压力相比，其峰值深入煤体内的距离较远，而影响范围则较小。此外，上方支承压力和下方相比，上方的影响范围比下方稍大。

工作面上下方及工作面后方原开切眼附近煤体上的固定支承压力是工作面采空区周围支承压力的组成部分，其分布形式如图 5－4 所示。

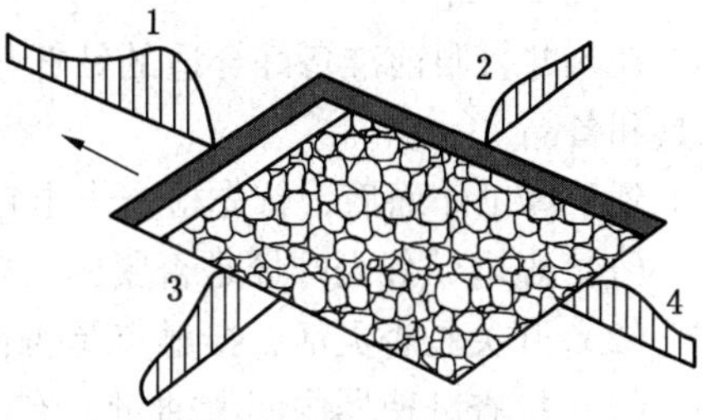

1—工作面前方支承压力；
2、3、4—工作面上下方及后方支承压力

图 5－4 采空区周围支承压力分布

第六章

生　产　操　作

第一节　打　眼　操　作

一、打眼前的准备和检查工作

1. 准备工作

在入井打眼前准备好合适的钻杆与磨好的钻头，携带钳子、螺丝刀、镀锌铁丝等常用工具和备品。

到采煤工作面后，首先检查煤电钻和电缆，检查内容如下：

（1）煤电钻外壳螺栓是否紧固、齐全，壳体有无损坏。

（2）开关是否灵活，接触点是否良好，有无破损等情况。

（3）检查减速器内润滑油量，有无渗漏并试转主轴，从转动灵活性及声音判断轴承和齿轮有无损坏。

（4）将煤电钻短促开动一下，检查风扇转动的灵活性及风叶有无缺损和卡壳。

（5）检查煤电钻电缆在吊挂和盘放时，有无打结成扣的情况。如发现电缆胶皮破损，应检查电缆是否漏电并及时处理。

2. 检查工作

然后，对打眼地点进行以下检查：

（1）检查工作地点通风、瓦斯情况，瓦斯浓度超过规定时，不能使用煤电钻打眼。

（2）检查支架和帮、顶情况，有危险时及时处理。

（3）检查上一班有无残爆、拒爆等情况。

（4）工作面倾角大时，检查工作地点上方是否设好挡板，以免滚落煤块或物料。

最后，还要检查作业人员自身的衣服、袖口、扣子是否系好。毛巾要放在衣领内或取下，以免被钻杆绞住伤人。

二、炮眼的布置

1. 单人打眼

单人打眼适用于使用轻型煤电钻在软煤或中硬煤层中打眼。其操作要求如下：

1）基本动作

（1）抱钻：两手紧握煤电钻手把，身体可紧贴煤电钻后盖，右脚（或左脚）稍向前站，身体前倾，两脚叉开，两眼向前看，注意前进方向，随时环视四周，身体保持用力的姿势。

（2）定眼位：根据工作面地质条件定好炮眼位置，用手镐在炮眼位置处刨出能放钻头的小窝，或用 15 ~ 20 cm 长的套筒套在钻杆适当位置。定炮眼眼位时，用手紧握套筒，直接对准炮眼眼位入钻。

（3）入钻：先垂直煤壁对准炮眼眼位，将手把开关断续地开动几次，钻进到能支持钻杆的深度（约 50 mm），然后再调整角度正式推进。

（4）推进：钻进时钻杆前进的力量主要是靠人力推动，所以要善于用力。在任何时候，用力的方向都要与炮眼的方向一致，不要偏斜用力，以免别住钻杆。同时，要根据煤层的软硬和排出的煤粉量来决定用力的大小，注意听煤电钻的响声，不能用力过猛。

（5）退钻：钻进到要求的深度后停止推进，在煤电钻旋转中来回拉动钻杆，排出煤粉后再停煤电钻，然后一手提钻一手扶钻杆，顺炮眼的方向向后退钻。

2）打顶眼

一般顶眼靠近顶板，位置较高，入钻时，一手握住煤电钻手把，把煤电钻提起靠在同侧的腿上，另一只手将钻杆向上正对顶眼眼窝，然后开动煤电钻，如图 6 - 1a 所示。钻进 50 mm 时不停钻，一手托扶煤电钻后盖一手紧握手把，一边向后退一边将煤电钻举起，同时找好角度向前推进，如图 6 - 1b 中 2 的位置。这时人的身体向前倾斜站立，可借助身体体重用两手平稳地把住煤电钻手把向前推进，如图 6 - 1c 所示。钻进达到要求深度时，停止推进，但不停钻，把钻杆慢慢向后退，退到钻杆长度一半时，取下煤电钻一手提着，另一只手抽出钻杆重新安好。

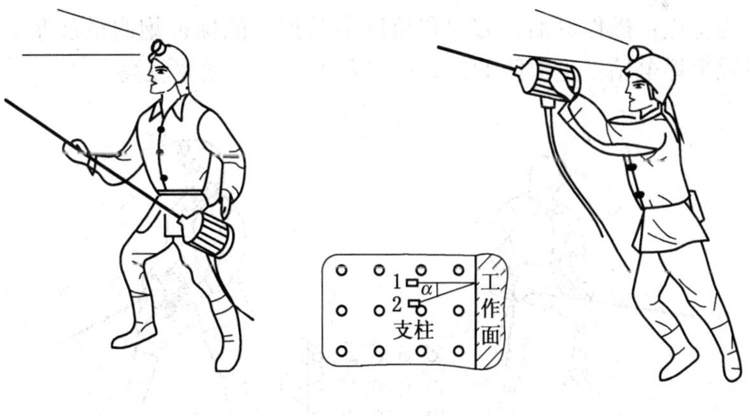

（a）入钻　　　（b）移动位置　　　（c）推进

1—入钻位置；2—按规定角度打眼位置

图 6 - 1　打顶眼单人操作

3）打腰眼

打腰眼时，入钻与打顶眼相同，如图 6 - 2a 所示。打入 50 mm 后换一只手握住煤电钻开关，用双手握住煤电钻手把旋转一个角度抬起，使煤电钻和腰眼高度相同，同时找正角度，如图 6-2b 中的 2 的位置。然后身体紧贴煤电钻后盖，向前推进如图 6-2c 所示。腰眼打到规定深度后，进行退钻，退钻方法与打顶眼时退钻方法相同。

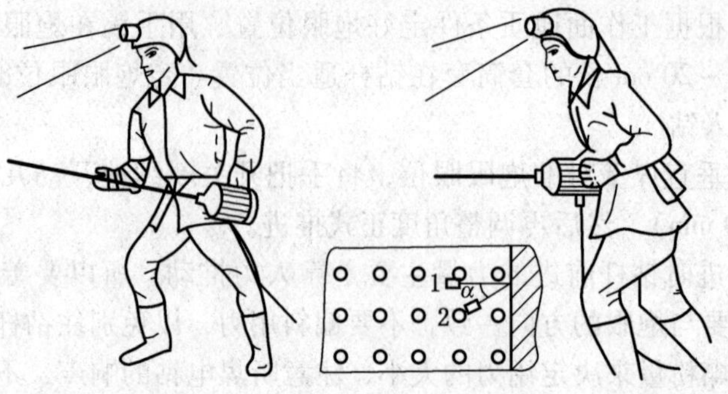

（a）入钻　（b）移动位置　（c）推进

1—入钻位置；2—按规定角度打眼位置

图 6-2　打腰眼单人操作

4）打底眼

一般底眼距底板 200～500 mm，入钻方法同上，但由于眼位低，钻位也应放低，如图 6-3a 所示。找正角度后（图 6-3b），把煤电钻稍微抬起，按规定的角度要求向下打眼。因底眼要打到接近底板的位置，所以，煤电钻必须上提，钻头才能沿炮眼方向逐渐下扎，这时，一手握煤电钻开关一手托住煤电钻后盖，用腿支撑煤电钻，身体向前倾，下蹲、弯腰，借助身体的重量向前推进，如图 6-3c 所示。底眼打够要求的深度后，退钻方法同上。

单人操作的特点：操作灵活，方向和角度易掌握，能保证炮眼的质量，钻进速度快，推力均匀，可减少煤电钻发生故障的次数；作业人员少，效率较高。

（a）入钻　（b）移动位置　（c）推进

1—入钻位置；2—按规定角度打眼位置

图 6-3　打底眼单人操作

2. 双人打眼操作

双人打眼适用于较重的煤电钻在中硬以上的煤层中打眼。

1）抱钻定位

确定一人为正手，一人为副手。入钻时副手单人操作，双手握住手把，正手定炮眼位置，如图 6－4a 所示。推进时，副手退到煤电钻的一侧，正手握住副手让出的一个手把，两人共同抱钻，如图 6－4b 所示。退钻时，正手离钻位，副手又恢复到单手操作，正手去扶持钻杆，如图 6－4c 所示。

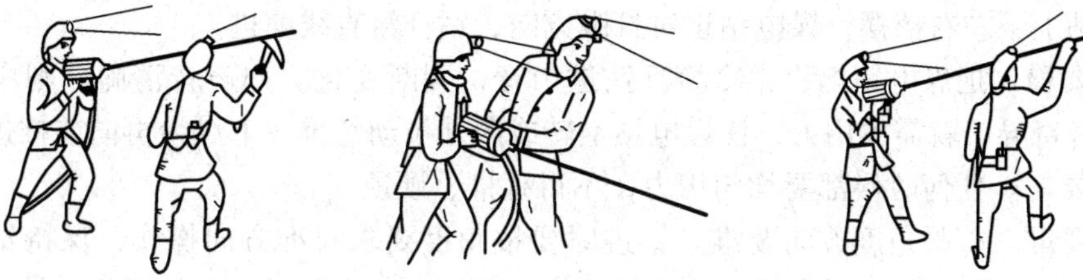

（a）入钻　（b）推进　（c）退钻

图 6－4　双人打眼操作

2）正手与副手的配合

在打眼作业中，正手是打眼工作的指挥者，副手负责主要操作。在操作中正、副手两人要均匀用力，密切配合。正手在打眼的方向与角度上要做到指挥正确，副手要做到手快、眼快，操作敏捷、准确。

退钻时，正手离开煤电钻到煤壁前用手接钻杆，检查钻头磨损程度，再把钻杆安放在另一个炮眼的位置，打另一个炮眼。

双人操作的优点：操作省力，减轻体力劳动；正、副手配合得当时，效率高、速度快，钻进质量也能得到保证；便于新工人学习打眼技术。

三、钻杆断面形状及极限扭矩

钻杆是向钻头传递动力，随同钻头进入钻孔的杆状或管状零件。钻杆的结构是由钻尾及钻杆构成。为了安装钻头，在钻杆头部制出槽口和钻头孔，另有一销孔，当钻头装到钻杆头部后，用铁丝穿过销孔把钻头固定在钻杆上，钻杆尾部经过车床加工，能与煤电钻轴套筒嵌合连接。

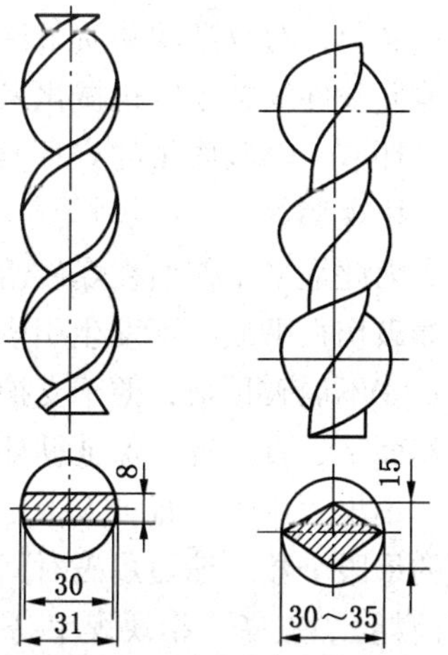

(a) 矩形断面钻杆　(b) 菱形断面钻杆

图 6－5　钻杆断面形状示意图

钻杆的断面形状分为菱形和矩形两种（图 6－5）。菱形钻杆的极限扭矩较小，适用于松软煤层。

钻杆制成螺旋形的目的主要是在钻孔（打眼）时，借以排出煤（岩）粉。排粉的效果除与钻孔的倾斜角度、孔深、钻头与钻杆的直径比有关外，还取决于钻杆的螺纹距离。一般是螺距小，排粉效果好，根据使用经验，钻杆螺距以 70～80 mm 最合适。

钻杆的长度根据钻孔深度确定，一般在炮采工作面使用1.2～1.6 m的钻杆。

四、煤电钻打眼操作中的注意事项

煤电钻打眼操作中应注意的事项，归纳为“四要、四勤、一集中”。

1. 四要

(1) 要平。要把煤电钻端平，全身用力并保持平衡。入钻、推进、退钻都要平，不要让煤电钻上下左右摇摆，煤电钻正对打眼方向，钻杆沿直线前进。

(2) 要稳。把煤电钻抱稳，冷静听钻进声音，判断变化。如声音清脆，则应增加推力，如声音奇异，就需少用力，使煤电钻空转或向外拉动，排一下煤粉再向前推进。

(3) 要匀。任何时候都要均匀用力，不得猛推、硬顶。

(4) 要准。打眼角度方向要准。钻进时要按角度要求对准方向操作，保持钻杆在炮眼中转动。打上部眼时，要注意看准下部眼位，退钻后，立刻对准下部眼位入钻。

2. 四勤

(1) 勤闻。嗅觉要灵敏，特别注意接头处的烧胶皮的烧焦味。

(2) 勤看。随时注意检查煤壁、顶板、支架的变化，观察设备、工具和钻进情况。

(3) 勤听。善于听顶板和煤电钻钻进的声音，有异常响动时，立刻停钻处理。

(4) 勤动手。随时敲帮问顶，处理伞檐和顶板浮石。

3. 一集中

思想集中在操作上，注意安全。

第二节　落煤与装煤

一、爆破落煤

炮采工作面主要以打眼爆破的方法落煤，劳动强度大、生产效率低，但这种回采工艺设备简单，对复杂的地质条件适应性强，在当前的技术条件下，在全国各地还普遍存在。在地质条件复杂不宜机械化采煤的地区仍然需要炮采作业，爆破落煤是炮采工作面的一项重要环节，爆破质量的好坏直接关系到循环质量、支架的规格质量、安全生产、材料消耗、块煤率等。

因此炮采工作面在爆破落煤中要求做到“七不、二少、三高”。“七不”指：①不发生爆破伤亡事故，不发生引燃、引爆瓦斯和煤尘事故；②不崩倒支柱，防止发生冒顶事故；③不崩破顶板，便于支护，降低含矸率；④不留底煤和伞檐，便于攉煤和支柱；⑤使工作面平、直、齐，保证循环进度；⑥不崩翻刮板输送机、崩坏油管和电缆等；⑦块度均匀，不出大块煤，减少人工二次破碎工作量。“二少”指：①减少爆破次数，增加一次爆破的炮眼个数，缩短爆破时间；②材料消耗少，合理布置炮眼，装药量适中，降低炸药雷管消耗。“三高”指块煤率高、采出率高、自装率高。

二、采煤工作面炮眼布置方式

采煤工作面炮眼布置方式有4种。

1. 单排眼布置方式

在煤层厚度为1.0 m以下的薄煤层或煤质松软、节理发育的中厚煤层中，可沿工作面中间打一排向下倾斜的炮眼，称为单排眼，炮眼与工作面煤壁的夹角为65°~75°，如图6-6所示。

2. 双排眼布置方式

在煤层厚度为1.0~1.5 m、煤质中硬的中厚煤层中，可靠近顶底板沿工作面打两排眼，称为双排眼，如图6-7所示。如上、下两排眼互相错开，又称三花眼，如图6-8所示。

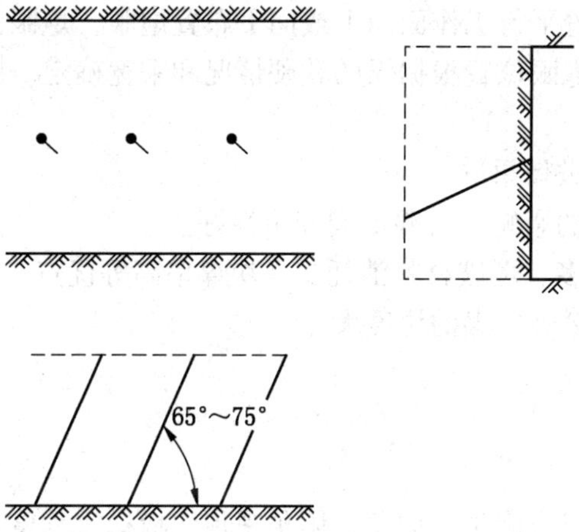

图6-6　单排眼布置

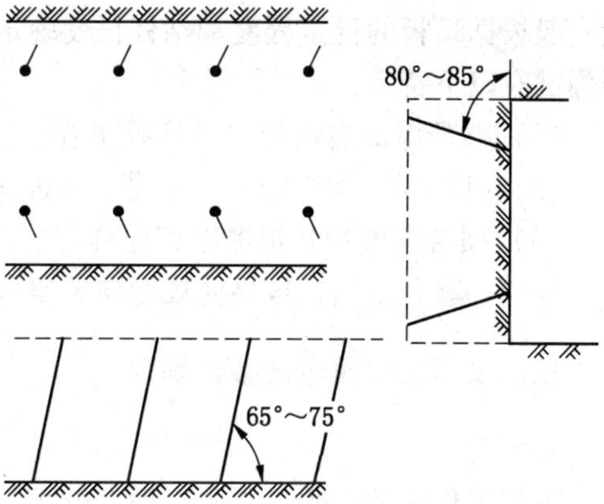

图6-7　双排眼布置

3. 三排眼布置方式

在煤层厚度大于1.5 m且煤质较硬的中厚煤层中，沿工作面打三排眼，通常上、中、下三排眼互相错开，又称五花眼，如图6-9所示。

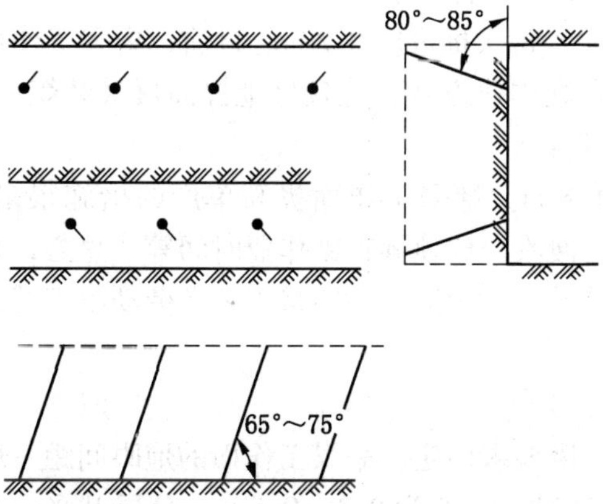

图6-8　三花眼布置

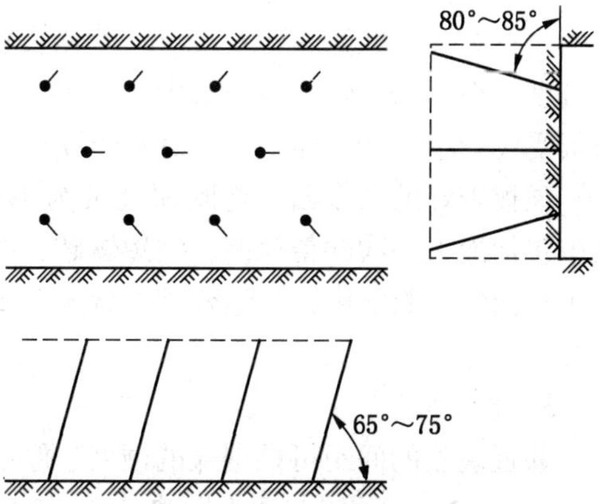

图6-9　五花眼布置

底眼位于工作面下部，靠近底板。它的作用是将煤层下部的煤沿底板首先抛出，起掏槽眼的作用，为中间眼和顶眼的爆破创造条件。底眼在垂直面上有俯角，俯角为10°~15°，眼底距底板约0.2 m，以不留底煤且不破碎底板为原则，使底板保持完整，便于装煤。

中间眼又称腰眼，位于煤层顶板与底板之间。它的作用是进一步扩大底眼掏槽，保证顶眼在对顶板震动极小的情况下，将煤崩落。顶眼位于采煤工作面上部，靠近顶板。它的作用是将煤层沿顶板崩落而不留顶煤。顶眼在垂直面上有仰角，一般为5°~10°，眼底距顶板0.1~0.5 m，视煤质软硬及煤的黏顶情况而定，以不破碎顶板的完整性为原则，若顶板不稳定，则顶眼和顶板平行。

4. 顺帮眼布置方式

在工作面开帮爆破架设支架后，在开帮位置平行工作面向上或向下布置炮眼，炮眼深度一般根据顶板的稳定程度和钻杆长度确定，炮眼位置根据煤的软硬情况和采宽确定。顺帮爆破有以下特点：

（1）顺帮爆破自由面多，炮眼布置少，爆破效果好。

（2）打眼时工作空间大，不受工作面运输的影响，打眼期间安全性好。

（3）顺帮爆破和开帮爆破相比具有自由面多、爆破材料消耗少、块煤率高等优点。

缺点：装药不当，容易使煤抛向采空区，爆破后煤的块度大。

三、采煤工作面爆破参数确定

1. 炮眼角度

采煤工作面的炮眼、顶眼一般有仰角，底眼有俯角，仰角、俯角视顶底板稳定程度及煤质软硬情况而定。炮眼与煤壁在水平面的角度一般为65°~75°。煤质较软时取较大值，煤质较硬时取较小值。由于绝大多数炮眼都是在一个自由面的条件下爆破，所以炮眼的水平角度都不宜过大，否则将降低炮眼利用率，使煤体得不到充分爆破，但又不能过小，否则爆破时将大量的煤块抛向采空区，易崩倒工作面支架，既造成煤炭资源损失，又不利于安全生产。

2. 炮眼深度

采煤工作面的炮眼深度取决于一次推进度和回采工艺要求。炮采工作面一般多采用小进度，一次推进度为1.0~1.2 m。炮眼深度要大于每次推进度0.2 m。目前，炮采工作面推进度较小，每个炮眼装药量少，可实行一次多炮作业方式，能较好地提高爆破装煤率。顶板受震动小，悬顶面积小，有利于顶板控制。

顶板较好的工作面，炮眼深度可为1.6~1.8 m。炮采工作面提高单产的措施很多，其中包括加大一次开帮深度，缩短爆破、准备、回收、放顶等辅助作业时间等。总之，采煤工作面的炮眼深度，应结合顶板状况、支护设计、装运能力、回采工艺及劳动组织等因素综合考虑。

3. 炮眼间距

邻近炮眼的间距可根据煤的硬度、厚度和块度要求而定。采煤工作面的炮眼间距一般为1.0~1.2 m。顶眼与顶板距离，在一次采全高时，一般为0.3~0.5 m；分层开采，采顶层煤时，一般为0.3~0.5 m；采中层、底层煤时，一般以0.4~0.6 m为宜，底眼一般应高出刮板输送机0.2 m。

4. 装药量

采煤工作面的炮眼装药量是指每米炮眼的炸药用量。它是依据煤层硬度、炮眼数目、炮眼深度而定的，与工作面的采高、循环进度有关。

一般顶眼、中间眼的装药量比底眼要少，采用双排眼、三花眼布置时，底眼与顶眼的装药量可按1：（0.5～0.7）的比例分配；采用三排眼、五花眼布置时，底眼、中间眼、顶眼的装药量可按1：0.75：0.5的比例分配。

多装药比少装药好的观点是不正确的，这不仅会浪费大量的炸药，还会给安全生产带来以下隐患：

（1）装药量过大会不同程度地破坏围岩的稳定性，易崩倒支架，造成工作面冒顶事故。

（2）装药量过大容易造成煤、岩过度粉碎且抛掷距离远。在采煤工作面会把煤崩入采空区，降低了采出率和块煤率，增加了吨煤成本，同时又会产生大量煤（岩）尘，影响职工健康，威胁安全生产。

（3）装药量过大会使炮泥充填长度减小，不但降低爆破效果，而且易使爆破火焰冲出炮眼口，可能引燃瓦斯、煤尘，导致瓦斯和煤尘爆炸事故。

（4）装药量过大，爆炸后产生的炮烟和有害气体相应增加，延长了排烟时间，不利于职工健康。

（5）装药量过大往往会崩坏采煤工作面的电气、机械设备，造成工作面停电停产。

所以，炮眼内装药量过大，从经济上和安全上都是有害的。炮眼内装药量必须根据顶底板岩性、煤的软硬程度合理确定。

四、爆破方法

爆破顺序一般有3种：顶底眼同时爆破、先爆破底眼后爆破顶眼、先爆破顶眼后爆破底眼。前两种爆破顺序适用于一般炮采，后一种爆破顺序适用于爆破装煤。先爆破顶眼后爆破底眼顺序的优点是可提高爆破装煤率，减少人工装煤量，可及时挂梁维护顶板，尤其是松软顶板，不易崩、挤输送机。这种爆破顺序现场应用较多。

在炮采工作面应采用一次多爆破，以缩短爆破时间，提高劳动生产率。但应注意以下几点：

（1）同时爆破的炮眼数，特别是顶眼，应在顶板悬露面积允许的范围内，因此，小进度爆破为一次多爆破创造了有利条件。

（2）一次多爆破会使大量煤压在输送机上，为便于输送机启动，在爆破前，可预先在运输溜槽上铺盖板或在安全的条件下采用开机爆破。

一次多爆破通常采用串联法连接炮眼，使用50～100发的爆破器，连线如图6－10所示。

五、正向起爆和反向起爆

起爆药卷位于柱状装药的外端，靠近炮眼口，雷管底部朝向眼底的起爆方法为正向起爆；起爆药卷位于柱状装药的里端，靠近或在炮眼底，雷管底部朝向炮眼口的起爆方法为反向起爆。正向装药与反向装药如图6－11所示。

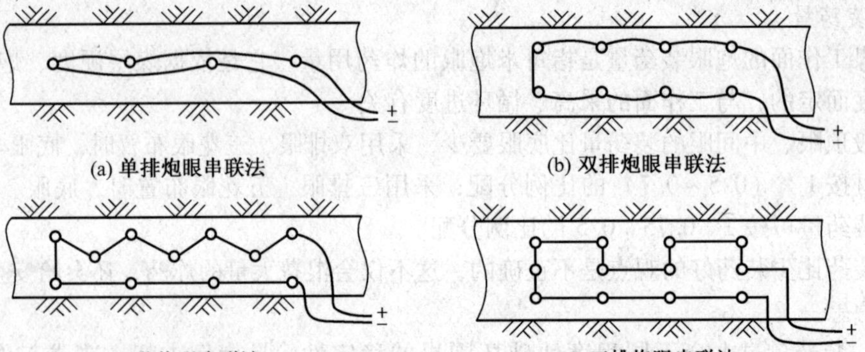

(a) 单排炮眼串联法　(b) 双排炮眼串联法

(c) 五花炮眼串联法　(d) 三排炮眼串联法

图 6－10　炮眼连线法

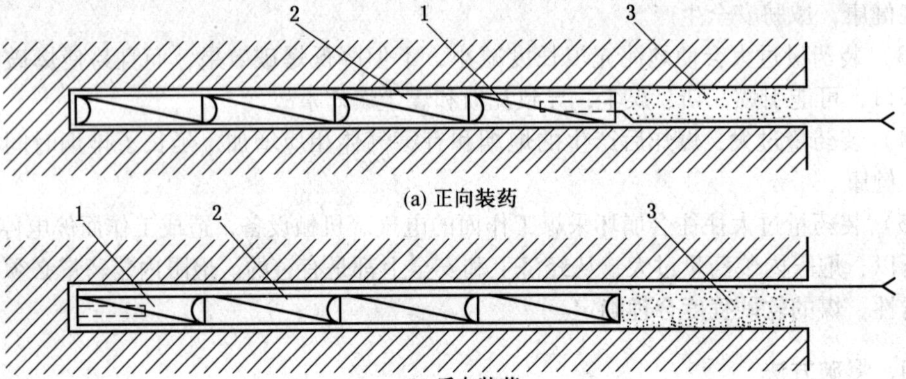

(a) 正向装药

(b) 反向装药

1—起爆药卷；2—被动药卷；3—炮泥

图 6－11　正向装药与反向装药

反向起爆时，炸药的爆轰波和固体颗粒的传递与飞散方向是向着眼口的。当这些微粒飞过预先被气态爆炸产物所加热的瓦斯时，就很容易引爆瓦斯，而正向起爆则不同，飞散的炸药颗粒是向炮眼内部飞散的，不易引爆瓦斯，所以，在瓦斯煤尘爆炸危险的工作面，正向起爆比反向起爆安全性高。

但是，反向起爆具有比正向起爆爆破效果好、炮眼利用率高的优点。这是由于反向起爆的爆轰波方向与爆破岩石方向一致，能充分发挥炸药的爆炸能量。引药在炮眼最里端，容易保证药卷衔接，电雷管不易从药卷拽出来。所以在低瓦斯矿井中多采用反向起爆。

《煤矿安全规程》规定，在高瓦斯矿井采掘工作面采用毫秒爆破时，若采用反向起爆，必须制定安全技术措施。

六、煤层中夹矸的处理

为了提高原煤质量，在夹矸较厚的工作面打眼，宜采用分次打眼、分次爆破的方法处理矸石。具体方法：先在夹矸下部的煤层打眼，将夹矸爆破下来后拣入采空区内，然后再打眼爆破煤层。

如果夹矸较厚、位于煤层中部并且适合一次采全高时，先在夹矸上部的煤层内打眼，先采夹矸上面的煤炭。如果顶板条件不好，可打临时点柱支护，防止顶板冒落。将煤运出后，再将矸石放到采空区内。最后打夹矸下部煤层的炮眼，采出下部的煤炭。分次打眼爆破的炮眼布置方式，都是分别采用单排眼布置的方法。

第三节　支护与顶板控制

一、采煤工作面支架的架设

架设工作面支架时，应注意以下几点：

（1）严格执行作业规程标准，支柱沿倾斜、走向均打成直线。

（2）煤层倾角达到或大于 8°时，架设单体液压支柱应当设迎山角，支柱的迎山角要与顶板坡度相适应。

（3）严禁把支柱架设在浮煤或浮矸上。

（4）底板松软或留有底煤时，应当采取支柱穿铁鞋等措施。

（5）遇破碎顶板时，应在两架棚子间插上护顶材料。

（6）为保证工作面成直线，对棚梁要经常进行调整，以保证棚梁梁头沿工作面呈一条直线。

（7）在顶板松软的地段支护，要采用先挂梁护顶的方式支护，空顶不超过作业规程的规定。

在有坡度的工作面内，架设支架支柱的立柱与顶底板法线方向上偏离的一个角度称为支柱的迎山角，如图 6－12 所示。支柱迎山角的作用是使支柱稳固地支撑顶板，以免顶板来压时支柱被推倒。打柱时迎山角的大小要根据工作面的倾角而定，迎山角的角度一般是工作面倾角的 1/8～1/6，最大值不得超过 8°。所以在打柱时，应按上面的要求正确操作，既不能过大，也不能过小或无迎山角。迎山角过大时称“过山”，没有迎山角时称“退山”，如图 6－13 所示。无论是“过山”还是“退山”，其支柱对顶板的支撑效果都不好，在顶板来压时都容易发生倒柱。

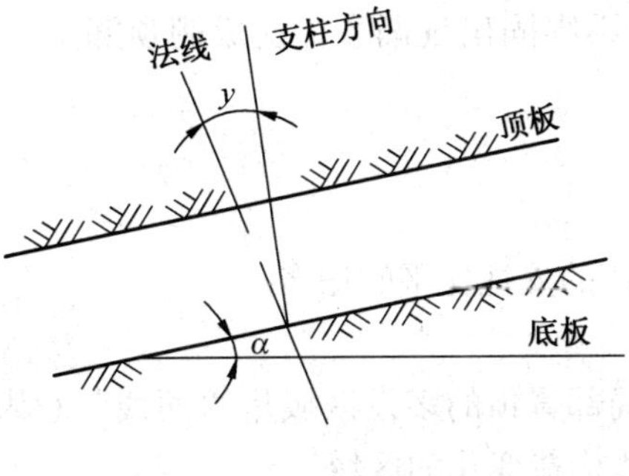

α—工作面倾角；y—支柱的迎山角

图 6－12　支柱迎山角

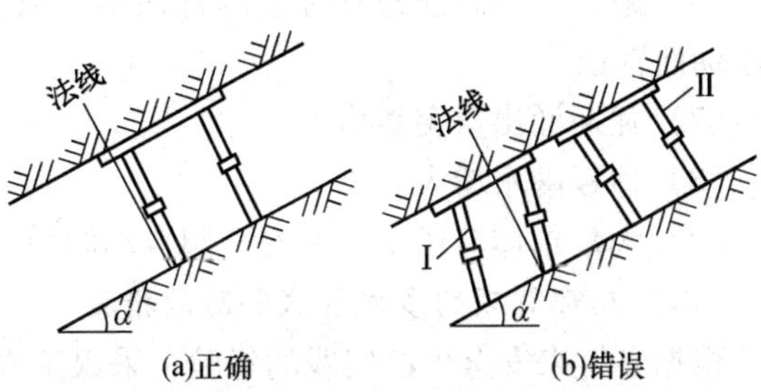

(a)正确　(b)错误

Ⅰ—过山；Ⅱ—退山

图 6－13　迎山角对比示意图

悬臂顶梁架设的步骤如下：

（1）爆破后要立即挂梁，将顶梁Ⅱ竖起，接头朝上，使顶梁Ⅱ的接头插入顶梁Ⅰ的耳子中，用顶梁Ⅱ耳子上的销子将顶梁Ⅰ、Ⅱ连接在一起。

（2）用手将顶梁Ⅱ托向顶板，在顶梁Ⅰ、Ⅱ接头的楔钩中插上扁楔子，根据顶板情况决定在顶梁之间是否需要背顶。

（3）打紧扁楔子，使顶梁受力而悬起，最后挖清浮煤，打上支柱。

二、局部冒顶事故发生的原因、预防及处理方法

局部冒顶事故的特点是，冒顶范围不大，有时仅在3～5架棚之内；每次伤亡人数不多（1～2人），对生产的影响不是特别严重，因而常常容易被忽视，以致这类事故经常发生，甚至错误地认为这类事故缺乏规律性，很难避免。所以，在煤矿实际生产中，局部冒顶事故的发生次数远多于大面积冒顶事故，约占采煤工作面冒顶事故的70%，总的危害比较大。

（一）局部冒顶发生的原因及预兆

局部冒顶实质上是由开采过程中在矿山压力作用下已破坏的顶板失去可靠的支撑造成的。局部冒顶发生的原因大致可分为两个方面：一是破碎了的直接顶板，由于没有得到有效的支护而局部冒落；二是基本顶的沉降迫使直接顶过快下沉和破碎，使支架失稳造成局部冒顶。局部冒顶的发生主要取决于顶板的岩石性质以及支架对每一块顶板的支撑力。当顶板破碎、裂隙发育时，不及时支护就会发生冒顶。在地质构造变化区域，往往是顶板完整性破坏严重的地点更容易发生冒顶。有时尽管顶板比较稳定，但由于忽视支护质量，违反操作规程等原因，也会引起局部冒顶。局部冒顶发生前，都会有或多或少的预兆，及时掌握和发现这些预兆，对预防冒顶的发生极为重要，这些预兆主要表现为以下几方面：

（1）发出响声。岩层下沉断裂，顶板压力急剧增大时，能听到顶板断裂发出的闷雷声。

（2）顶板掉渣。顶板岩石已有裂缝和碎块，其中小矸石稍受震动就会掉落。

（3）煤壁片帮。煤壁受压增大，煤质变得松软，片帮次数就增多，范围加大。

（4）顶板裂缝。裂缝张开，裂缝增多。

（5）顶板离层。检查顶板是否离层，要用“问顶”的方法，如果声音清脆，表示顶板完好；如果顶板发出“空空”的响声，说明上下岩层之间已经脱离。

（6）漏顶。破碎顶板有时会因背顶不严或支架不牢固出现漏顶，造成棚顶漏空、支架松动而冒顶。

（7）瓦斯涌出量突然增大。

（8）顶板淋水增大。

（9）大量单体液压支柱的安全阀自动漏液，损坏的支柱比平时增多。

（二）局部冒顶的多发区域和防治措施

根据多年来安全生产实践的经验，采煤工作面局部冒顶的多发区域是“两线”（煤壁线和放顶线）、“两口”（工作面上、下出口）和地质构造变化的区域。

1. “煤壁线”附近的局部冒顶

“煤壁线”是指从工作面第一排支柱到煤壁之间的范围。在这个范围内，由于地质构

造以及采动等原因，在煤层顶板中，游离岩块在采煤机采煤或爆破落煤后，如果支护不及时，有可能突然冒落造成事故；爆破落煤时，如果炮眼布置不恰当或装药过多，可能在爆破时崩倒支架而导致冒顶；或因基本顶来压时煤壁片帮，扩大了无支护空间，造成冒顶等。其防治措施如下：

（1）采用能及时支护悬露顶板的支护方式。

（2）严禁空顶作业。

（3）严格执行敲帮问顶制度。

（4）炮采工作面的炮眼布置和装药量要合理，避免崩倒支架，崩坏顶板。

（5）尽量使工作面与煤层的主要节理方向垂直或斜交，避免煤壁片帮。一旦出现片帮，应进行掏梁窝超前支护，防止顶板冒顶。

2. “放顶线”附近的局部冒顶

“放顶线”是指从原切顶线到新切顶线之间的范围。放顶线上支柱受力是不均匀的，当人工回撤“吃劲”的支柱时，或者分段回柱回撤最后一根柱时，往往柱子一倒，顶板就冒落，容易发生人身伤亡事故；当直接顶中存在被断层、裂隙、层理等切割而形成大块游离岩块时，回柱后游离岩块会旋转、滚动，可能推倒工作面支架导致冒顶，如图 6－14 所示。此外，在金属网下回柱放顶时，由于网上有大块游离岩块，同样也可能发生上述的局部冒顶。其防治措施如下：

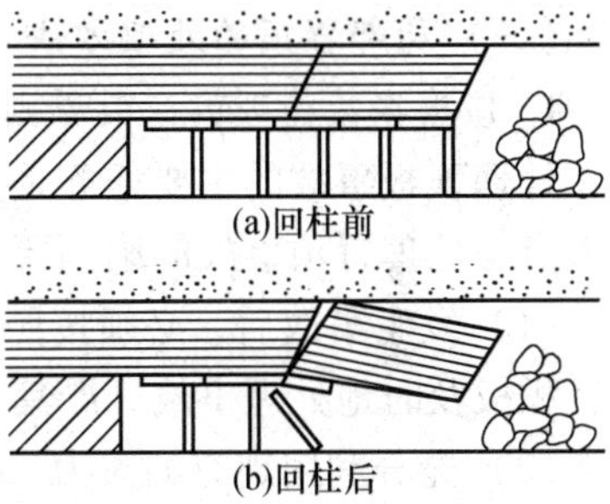

图 6－14 顶板中游离岩块旋转推倒支架

（1）为保证人工回撤“吃劲”支柱时的安全，如果工作面用的是摩擦式金属支柱，可在这些支柱的上下各支一根木支柱做替柱，然后回撤金属支柱，最后用回柱绞车回木替柱。采用单体液压支柱的工作面，则采用远距离让支柱卸载、远距离拉柱子的办法。

（2）为预防直接顶或金属网上游离岩块在回柱时推倒支架发生冒顶事故，应在大岩块范围内用木垛等加强支护。当大岩块沿工作面推进方向的长度超过一次放顶步距时，在此范围内要加大控顶距。如果工作面用的是摩擦式金属支柱，在大岩块范围内要用木支架替换金属支架，待大岩块全部处于放顶线以外的采空区时，再用回柱绞车回木支柱。

（3）当采高较大、直接顶较破碎时，在放顶线要加设挡矸柱。稳定及坚硬顶板应采用双排密柱、丛柱或墩柱放顶。

（4）回柱后顶板不垮落，悬顶距离超过作业规程规定时，必须采取人工强制放顶或其他措施进行处理。

3. 工作面上、下出口附近的局部冒顶

工作面上下出口包括两部分：一部分是工作面上、下巷道距煤壁 20 m 的范围；另一部分是工作面上、下端头，即下巷上帮、上巷下帮向工作面方向 10 m 的范围。两巷超前 20 m 的范围受回采移动支承压力和巷道固定支承压力的双重作用而压力增大，支架损坏较严重。上、下端头范围内控顶面积比较大，经常还要进行机头、机尾的移设工作，顶板在反复支撑过程中松动破坏严重，这些都有可能造成局部冒顶。其防治措施如下：

（1）工作面上、下端头的支护形式可采用“四对八根”矿用工字钢长梁支护，双铰接顶梁支护，十字铰接顶梁支护，综采工作面端头支架支护。

（2）工作面两巷超前支护。煤壁外10 m内，在原棚梁下架双排铰接顶梁和单体支柱支护，10～20 m范围内采用单排铰接顶梁和单体支柱支护。在顶板稳定、巷道支架状况好的情况下，棚梁下采用单、双排单体支柱支护。

（3）单体支柱的初撑力符合《煤矿安全规程》规定。

（4）上、下巷道超前20 m范围内，支架完整无缺，高度不低于1.6 m，综采不低于1.8 m，有0.7 m宽人行道。

4. 地质构造变化区域的局部冒顶

工作面生产过程中，在临近和通过断层、褶曲、陷落柱和顶板岩层破碎带等地质构造变化区域时，煤（岩）层的产状发生明显变化，顶板完整程度遭到破坏，裂隙增多，岩石松软破碎，煤质变软，极易发生局部冒顶事故。

（三）局部冒顶的处理方法

1. 顶板事故处理的一般原则

处理顶板事故的主要任务是抢救遇险人员、恢复通风和尽快恢复生产等。尽快抢救遇险人员是处理冒顶事故的第一要务，整个抢救遇险人员的工作应遵循下列原则：

（1）发生事故后，必须按照《煤矿安全规程》及“矿井灾害预防和处理计划”的要求，积极及时地处理事故，严禁盲目蛮干。

（2）充分利用现有的人力、设备和材料，全力以赴地进行抢救工作。行动中，必须保持统一指挥和严密组织，严禁各行其是和单独行动。

（3）要根据事故情况和客观条件，采取合理有效的措施，将事故控制在最低程度，防止事故扩大。

（4）抢救过程中，必须切实注意安全，要有防止事故区条件恶化、保证抢救人员人身安全的措施，特别要避免顶帮二次垮落等再生事故的发生。

（5）抢救遇险人员时，抢救人员首先要检查冒顶地点附近的支架情况，对折损、歪扭、变形的支架，要立即处理好，以保障在抢救埋压人员时退路的安全。其次，要根据顶板冒落情况，在保证抢救人员安全和抢救工作方便的前提下，因地制宜地进行支护，阻止冒顶进一步扩大。在检查架设的支架牢固可靠后，先要指派专人观察顶板，然后才能清理埋压人员附近的冒落煤矸，直到把遇险人员抢救出来。抢救过程中，可用长木棍向遇险人员送饮料和食物；在清理冒落煤矸时，要小心地使用工具，以免伤害遇险人员。如果遇险人员被大块矸石压住，应采用液压千斤顶等工具把大块矸石顶起，将人迅速救出。

2. 局部冒顶的处理步骤

采煤工作面发生冒顶的范围小，顶板没有冒实，顶板矸石已暂时停止下落，这种局部冒顶比较容易处理，一般采取掏梁窝、探大梁，采用单腿棚或悬挂金属铰接顶梁处理。具体步骤如下：

（1）先检查冒顶地点附近的支架情况，发现有折损、歪扭、变形的支架，要立即处理好，防止继续冒顶和掉矸伤人。

（2）在冒面区清理出一部分冒落矸石后，进行掏梁窝架单腿棚。

（3）架好单腿棚或挂好悬臂梁后，棚梁上的空隙要用木料架设小木垛支撑顶板；架小木垛前应先挑落浮矸，小木垛必须插紧背实，防止冒顶范围扩大。

(4) 小木垛架好后，便可清理冒落的煤矸，支好贴帮柱，防止片帮。

用探梁或金属顶梁处理局部冒顶，如图 6－15 所示。

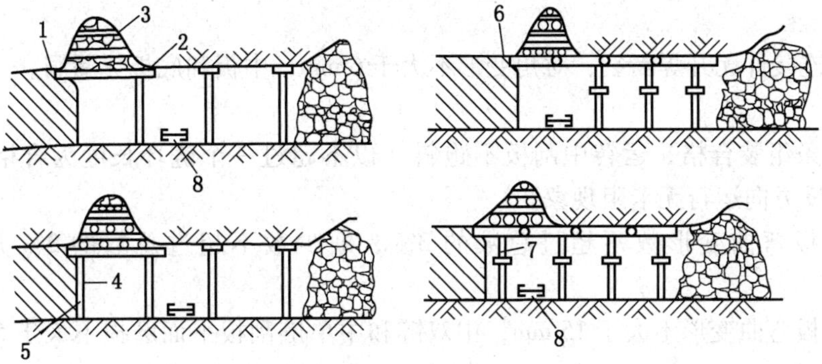

1—梁窝；2—探梁；3—小木垛；4—贴帮柱；5—挡煤壁小板；6—悬臂金属顶梁；7—临时金属支柱；8—输送机

图 6－15 用探梁或金属顶梁处理局部冒顶

第四节 操作与维护刮板输送机

一、刮板输送机的完好标准

1. 整机

(1) 所有螺栓、螺帽及其他连接零件齐全、完整、紧固、可靠。

(2) 轴无裂纹、损伤或锈蚀，运行时无异常振动。

(3) 轴承润滑良好，不漏油，转动灵活，无异响。滑动轴承温度不超过 65 ℃，滚动轴承温度不超过 75 ℃。

(4) 齿轮无断齿，齿面无裂纹或剥落，硬齿面齿轮磨损不超过硬化层的 80%；软齿轮的磨损不超过原齿厚的 15%。

(5) 减速器箱体无裂纹或变形，接合面配合紧密，不漏油；运行平稳无异响；油脂清洁，油量合适。

(6) 液力偶合器的外壳及泵轮无变形、损伤或裂纹，运转无异常响声。易熔合金塞完整，安装位置正确，不得用其他材料代替。

(7) 电动机开关箱、电控设备、接地装置、电缆、电器及配线符合煤矿机电安全生产标准化的有关规定。

(8) 转动部位要有护栏。

2. 机头、机尾

(1) 架体无严重变形，无开焊，运转平稳。

(2) 链轮无损伤，链轮承托水平圆环链的平面最大磨损：节距小于或等于 64 mm 时，不大于 6 mm；节距大于或等于 86 mm 时，不大于 8 mm。

（3）分链器、压链器、护板完整坚固，无变形，运转时无卡碰现象。抱轴板磨损不大于原厚度的20%，压链器厚度磨损不大于10 mm。

（4）紧链机构部件齐全完整，无变形。

3. 溜槽

溜槽及连接件无开焊断裂，对角变形不大于6 mm，中板和底板无漏洞。

4. 链条

（1）链条组装合格，运转中刮板不跑斜（以不超过一个链环长度为合格），松紧合适，链条正反方向运行无卡阻现象。

（2）刮板弯曲变形数不超过总数的3%，缺少数不超过总数的2%并不得连续出现。

（3）刮板弯曲变形不大于15 mm，中双链和中单链刮板平面磨损不大于5 mm，长度磨损不大于15 mm。

（4）圆环链伸长变形不得超过设计长度的3%。

5. 机身附件

（1）铲煤板、挡煤板、齿条、电缆槽无严重变形，无开焊，不缺连接螺栓，固定可靠。

（2）铲煤板滑道磨损量：有链牵引的不大于15 mm；无链牵引的不大于10 mm。

6. 信号装置

工作面和顺槽刮板输送机应沿输送机安设有停止或开动信号的装置，信号点设置间距不超过15 m。

7. 安装铺设

（1）两台输送机搭接运输时，搭接长度不小于500 mm；机头最低点与机尾最高点的间距不小于300 mm。

（2）刮板输送机与带式输送机搭接运输时，搭接长度和机头、机尾高度差均不大于500 mm。

8. 记录资料与设备环境

（1）应备有交接班记录、运转记录、检查、修理、试验记录、事故记录。

（2）设备清洁，附近无积水、无积煤（矸）、无杂物，巷道支护无缺梁断柱。

二、刮板输送机的安全操作

刮板输送机司机必须是经过安全技术培训、熟悉和掌握所使用的刮板输送机的性能、结构、工作原理，了解操作规程及维护保养制度并经考试合格持有安全操作资格证的人员担任。严禁无证上岗操作。

（一）操作前的准备与检查

为保证刮板输送机安全运转，在其运转前必须进行详细、全面的检查。检查分为一般检查和重点检查。

1. 一般检查

首先检查工作环境，如工作地点的支架、顶板和巷道的支护情况，检查输送机上有无人员作业，有无其他障碍物，压柱压得是否牢固。然后检查电缆吊挂是否合格，电动机、开关、按钮等各处接线是否良好，如果检查没有发现问题，可将输送机稍加启动，看看输送机是否运转正常，再开始重点检查。

2. 重点检查

（1）中间部检查。对中部槽、刮板链从头到尾进行一次详细检查。方法是：从机头链轮开始，往后逐级检查刮板链、刮板、连接环以及连接环上的螺栓。检查 4 ~ 5 m 后，在刮板链上用铅丝绑一个记号，然后开动电动机把带记号的刮板链运行到机头链轮处，再从此记号向后检查，一直到机尾，在机尾的刮板链上再用铅丝绑一个记号，然后从机尾往回检查中部槽对口有无戗茬或搭接不平、磨环、压环、上槽陷入下槽等情况。回到机头处，开动输送机把机头记号运转到机头链轮处，再往后重复以上检查，至此检查了一个循环，发现问题应及时处理。

（2）机头检查。

① 有传动小链的刮板输送机，要检查传动小链的链板、销子的磨损变形程度；链轮上的保险销是否正常，必须使用规定的保险销，不得用其他物品代替。

② 检查弹性联轴器的间隙是否正确（一般 3 ~ 5 mm），液力偶合器是否完好。

③ 检查减速箱油量是否适当（油面接触大齿轮高度的 1/3 为宜）。

④ 检查机头座连接螺栓、地脚压板螺栓、机头轴承座螺栓等是否齐全坚固。

⑤ 检查链轮、托叉、护板是否完整坚固。

⑥ 检查弹性联轴器和紧链器的防护罩是否齐全。

（3）机尾检查。机尾有动力驱动时检查内容同机头，无动力驱动时做以下检查：

① 检查机尾滚筒的磨损与轴承情况（转动灵活）。

② 检查调节机尾轴的装置是否灵活。

③ 检查机尾环境是否良好，如有积水，要挖沟疏通。

经以上检查，确认一切良好，即可开动电动机正式运转。

（二）操作一般步骤

（1）经上述检查无误后，方可发出开车信号。

（2）待前续输送机运行后方可开车。

（3）启动时应断续启动，隔几秒钟后再正式启动。

（4）不能强行启动，如出现刮板输送机连续 3 次不能启动，或切断保险销，必须找出原因，处理后方可再次启动。

（5）在无集中控制系统时，多台刮板输送机的启动都应从外向里，沿逆煤流方向依次启动。

（6）正常运转时应注意巡回检查。

（7）停车时应从里向外、顺煤流方向依次进行，拉净刮板输送机上的煤炭。

（三）操作安全注意事项

（1）联络信号齐全可靠，操作信号要正确。

（2）精力集中，不打盹、不睡觉。

（3）随时观察顶板、支柱、电缆及周围环境情况。

（4）操作按钮要放在安全可靠的位置，防止撞、砸。

（5）遇有大块煤炭或矸石时要及时处理，以免堵塞溜煤口引起系统堵塞。

（6）听到停机信号时要及时停机，只有重新听到开机信号后方可开机。

（7）无煤时不使刮板输送机长时间空运转。

（8）经常检查电动机温度是否正常。

（9）停机后，将磁力启动开关打至零位并加以闭锁。

在生产过程中如需使用刮板输送机运送物料时应注意以下事项：

（1）应在刮板输送机运转的情况下向溜槽内放置物料。

（2）配有双速电动机的刮板输送机应用慢速运送物料。

（3）向溜槽内放置坑木、支柱等长物料时应先放入前端，后放入后端，防止碰人；物料应放在溜槽中间，防止刮碰槽帮。

（4）物料运送中，要有专人跟在物料后端；遇有卡阻情况应及时发出停机信号，处理后再启动。

（5）要有专人在输送地点接物，两人同时从溜槽中向外搬物料时应先搬后端，后搬前端，以免伤人。

（6）司机在物料碰不到的地方观察和操作，发现物料无人接应时，应立即停机。

（7）严禁用刮板输送机运送炸药。

三、刮板输送机的安全运行

1. 运行安全要求

刮板输送机运行安全要求如下：

（1）铺设要平整成直线，弯曲要有限度不能拐急弯，链要松紧合适，不能飘链。

（2）液力偶合器必须按所传递的功率大小注入规定量的难燃液，经常检查有无漏失。易熔合金塞必须符合标准，设专人检查、清除塞内污物。严禁用不符合标准的物品代替，如提高熔点、用螺钉及木塞堵住等。

（3）机头、机尾必须打牢锚固支柱，严禁压在减速器上。紧链时要使用紧链装置。

（4）严禁乘人。用它运送物料时，必须有防止顶人和顶倒支架的安全措施。

（5）转动部分要有保护罩，机尾装护板，行人侧通畅。

（6）防止误开车事故。启动前要发出启动信号，先点开然后正式启动，以防有人在输送机上行走或工作，造成伤亡事故。停机检修时，要停电、闭锁并挂“有人工作，禁止开机”的警示牌。

（7）刮板输送机司机和移刮板输送机工要经培训、考核合格后持证上岗，严格执行操作规程，落实岗位责任制。

《煤矿安全规程》还规定，采煤工作面刮板输送机必须安设能发出停止、启动信号和通信的装置，发出信号点的间距不得超过 15 m。移动刮板输送机时，必须有防止冒顶、顶伤人员和损坏设备的安全措施。

严禁从刮板输送机两端头开始向中间推动溜槽，推移时要掌握好推移步距，防止发生脱节故障。进行推移工作时，煤壁与输送机之间不得站人。支撑设备附近不得有其他人员。要将机道浮煤清理干净后再推移。推移时支撑处的顶板要支护可靠，推移装置与输送机的接头要正确牢固、相互间要垂直，先慢慢地把推移装置与输送机吃上劲，观察支撑及接头处有无走动，顶板有无异状，一切正常后再做推移工作。当移溜工发现推移困难时，不得强推，应检查处理。不允许用单体液压支柱推移输送机。

2. 刮板输送机伤人事故的预防

刮板输送机伤人事故类型有：机头、机尾翻翘伤人，断链、飘链伤人，在溜槽上行走摔倒伤人，溜槽拱翘伤人，运料伤人，吊溜槽压人伤人，液力偶合器喷油伤人及无保护罩伤人，误开车伤人，电缆落入溜槽被拉断发生火花引起瓦斯、煤尘爆炸等，其中拉翻机头、机尾、溜槽上行人的事故占多数。

为预防伤人事故的发生，必须严格执行刮板输送机运行安全要求，落实刮板输送机司机、移溜工和有关人员的岗位责任制，进行定期和不定期安全检查，发现问题及时处理。

四、防止刮板输送机下滑所采取的措施

防止刮板输送机下滑采取的措施如下：

（1）防止煤、矸等进入底槽，减少底链运行阻力。

（2）工作面适当伪斜，伪斜角随煤层倾角的增加而增加。当煤层倾角为8°～10°时，工作面与平巷成92°～93°角，即当工作面长150 m时，下平巷比上平巷超前5～8 m为宜。调整合适时，输送机推移的上移量和下滑量相抵。一般伪斜角不宜过大，否则会造成输送机上窜和煤壁片帮加剧。

（3）严格把握移输送机的顺序。下滑严重时可采取双向割煤、单向移输送机，或单向割煤、从工作面下端开始上行顺序移输送机。

（4）用单体液压支柱顶住机头（尾），推移时，将先移完的机头（尾）锚固后，用单体支柱斜支在底座下侧，然后再继续推移。

（5）移输送机时，不能同时松开机头和机尾的锚固装置，移完后应立即锚固，必要时在机头（尾）架底梁上用单体液压支柱加强锚固。

（6）煤层倾角大于18°时，安装防滑千斤顶。

第五节 回 柱 与 放 顶

一、采煤工作面初次放顶时期的顶板控制

（一）一般规定

（1）采煤工作面从开切眼开始，到工作面直接顶板冒落的高度达到采高的1.5～2倍，冒落的长度达到工作面长度的1/2以上时，此阶段的顶板垮落称为初次放顶。若基本顶的初次垮落对工作面有威胁时，初次放顶时期还应包括基本顶的初次垮落。此后，工作面即进入正常开采期。

（2）初次放顶时期，直接顶冒落高度达不到采高的1.5～2倍时，则采用人工强制放顶。其炮眼布置、数量、深度、角度、间距、装药量等参数应在作业规程中做具体规定。

（3）初次放顶必须制定专门措施，经矿技术负责人审批，由生产副矿长主持制定实施措施。

（4）单体支柱工作面初次放顶时，根据开切眼顶板及支架的状况，可采取以下支护方式：①顶板稳定、开切眼内支架基本完好时，先在原棚梁下打中柱，然后摘掉工作面煤

壁侧的棚腿，拉线支柱并架设一排金属顶梁，再开始回采；②顶板破碎、开切眼内支架破坏严重时，拉线支柱并架设一排金属顶梁后，再架一梁三柱顺山棚，然后摘掉工作面煤壁侧棚腿，开始回采；③开切眼施工质量差，掘出时间长，支架上部有空顶时，回采前要用一梁三柱走向套棚，两端插入煤壁，棚梁上用木垛填实接顶，周边用材料挤实，防止空顶周边松动。

（5）坚持初次放顶期间支护质量与顶板动态的监测和预报，根据预测的直接顶和基本顶初次垮落步距、初次放顶事故发生的可能性及其受力类型，采取相应的防治措施。

（二）复合顶板初次垮落阶段的顶板控制

煤层的顶板由厚度为0.5～2.0 m的下部软岩及上部硬岩组成，它们之间有煤线或薄层软弱岩层；下部软岩一般是泥岩、页岩和砂页岩等，上部硬岩一般是中粒砂岩、细粒砂岩和火成岩等，此类结构的顶板岩层称为复合顶板。复合顶板实质就是离层顶板。

推垮型冒顶是由平行于岩层面的顶板压力推倒工作面支架导致的冒顶。复合顶板由于顶板结构和岩性的特点，其下部软岩容易和上部硬岩发生离层，所以，复合顶板条件经常会发生推垮型冒顶。

预防复合顶板形成推垮型冒顶，基本上可采取以下措施：

（1）开切眼附近是复合顶板推垮型冒顶的多发区。在这个区域，顶板上部硬岩层两侧都有煤柱支撑，不容易下沉，这就给下部软岩层的下沉离层创造了有利条件。

（2）提高单体支柱的初撑力。使支柱不仅能支承住顶板下位软岩层，而且能把软岩层贴紧硬岩层，使其间的摩擦力足够阻止软岩层的下滑，从而也加强了支架本身的稳定性。

（3）增加工作面支架的支护强度和稳定性。在工作面沿放顶线支设密集支柱，增加放顶线的支护密度；沿煤壁增设贴帮柱，防止煤壁处顶板出现裂隙和台阶下沉；在密集支柱靠工作面一侧支设向采空区方向的斜撑支架（柱），提高密集支柱的稳定性；还可以沿工作面每隔6～10 m架设一个木垛；对于漏顶、空顶一定要用背顶材料填实接顶，周边用木料挤紧，限制空顶周边岩石松动。

（4）适当加大工作面控顶距，第一次放顶放两排柱比较合适。

（5）消除形成复合顶板推垮条件的措施。工作面应采用俯斜或伪俯斜开采，严禁仰斜开采；掘进工作面输送机平巷时不破坏复合顶板，以免造成游离六面体；控制采高，使软岩层垮落后能超过采高，以堵住六面体向采空区的去路；灵活地应用斜撑支架（柱），使它们迎向六面体可能推移的方向。

（三）坚硬直接顶初次垮落阶段的顶板控制

这类直接顶初次放顶，一般经过初次垮落和周期垮落两个阶段。对此，应采取下列措施：

（1）对坚硬直接顶板的控制应以支撑为主、护顶为辅，使支柱具有足够的密度和支护强度。单体支柱回柱后，应立即全部支撑在新放顶排上，提高对工作面顶板的整体支撑力。

（2）加强新放顶排的特殊支护，增大新放顶排的支护强度和密度。特殊支架的形式、支护强度及密度应在作业规程中通过计算和生产实践确定。

（3）合理确定初次垮落阶段的控顶距。在直接顶单独运动阶段，对以下情况应比正常最小控顶距加大1~2排控顶距：接近直接顶初次断裂步距时，而且该步距较大；接近直接顶周期性垮落时，而且周期垮落步距较大；当直接顶在煤壁附近出现裂缝时（待工作面推过裂缝至少2个排距时才可放顶）；当直接顶存在推垮工作面危险时。

（4）在直接顶初次垮落步距较大时（大于20 m），要提前采取强制放顶措施，即在工作面推进7~10 m时进行强制放顶，使顶板产生裂隙，从而易于垮落，以减弱初次放顶时对工作面的冲击强度。

（5）强制放顶前，要根据顶板压力每隔5~8 m沿放顶线架设木垛，压力较大时，为防止推倒木垛，应在木垛四周增设支（戗）柱固定。

（四）基本顶初次来压阶段的顶板控制

（1）进行工作面支护质量与顶板动态监测，掌握基本顶初次来压步距，来压前增大支护密度，提高工作面支架的总支撑力。

（2）来压前沿放顶线增设1~2排密集支柱或丛柱，以增加基本支架的支撑力并隔离采空区。

（3）为了增加支架的稳定性，可增设“一梁三柱”的戗棚或抬棚。

（4）对坚硬基本顶，必须随回采进行强制放顶，以便减轻基本顶来压时对工作面的压力。

（5）采空区的支柱要回收干净，使直接顶充分垮落，以缓冲基本顶来压时对工作面支架的冲击。在顶板大面积来压时，回撤某一根“吃劲”支柱时，要在其周围补打木替柱，用镐刨出近1/2柱窝后，再用回柱绞车直接回柱，回柱时所有人员均应撤到安全地点。

（6）基本顶初次垮落期间，应加快工作面推进速度，以保持较完整煤壁的支撑作用，有片帮危险时应增设贴帮柱。

（7）适当加大控顶距，以便增设适宜的特殊支架，提高工作面整体承载和抗冲击能力，待基本顶初次来压后，再逐步恢复到正常控顶距。

（8）在基本顶初次来压前，要尽量避免在工作面全长范围内同时进行落煤和放顶工作。

（9）当控顶区内顶板出现台阶下沉时，应适当加大控顶距，加强台阶下沉采空区侧的支护，当继续推采到煤壁侧至少有两排安全支护空间，下沉台阶距切顶排有两排支柱时，应一次将这两排支柱回撤完。如果此时采空区又出现较大悬顶时，应人工强制放顶。

（10）基本顶的初次来压强烈、有大面积切顶预兆时，应迅速撤出工作面所有人员，然后根据具体情况，按预定措施进行处理。

二、工作面收尾时回柱及顶板控制

采煤工作面推进到规定的终采线，撤出全部机电设备和支架并使顶板全部垮落的工作称为工作面收尾。

工作面收尾时的回柱放顶工作也具有一定危险性，所以作业时必须注意以下事项：首先，应保证安全通道的畅通，绝不能发生安全出口冒顶压埋人员事故；其次，回柱时要考虑便于回收和运出的问题，应随时注意通风与瓦斯的情况。

1. 工作面收尾时的回柱与放顶方法

当工作面推进到采区边界线支设最后一排支柱时，使单体液压支柱的手把一律向采空区方向，以便回收时操作。

当工作面回收到只剩最后两排支柱时，将工作面内所有回撤的支柱和其他物品全部运出。根据实际生产情况，沿工作面全长匀称布置若干木垛，既可避免压埋支柱又可避免回柱后的空间被矸石完全封闭，进而影响通风。

回撤最后两排支柱的方式，如果工作面倾角不大又无瓦斯超限影响时，可由中间开口分两组分别向进风巷和回风巷回撤。但当瓦斯涌出量较大、回柱放顶后通风困难时，则应由回风巷向进风巷方向回撤。

2. 单体支架工作面收尾的顶板控制措施

(1) 工作面终采线应选在两次周期来压的中间，避开周期来压对工作面的影响，如工作面和终采线不平行，则应在工作面到达终采线前摆正对齐。

(2) 收尾时工作面要留出支护良好的最小控顶距空间，作为行人、运料用。其支护方式根据工作面顶板岩性在作业规程中确定。

(3) 工作面收尾过程中，必须在一个安全出口条件下作业时，防止发生冒顶伤人、堵人的安全措施。所有出口范围内的顶帮要设专人维护，确保收尾作业时，人员退路的畅通。

(4) 回柱时必须两人一组作业，一人回柱、一人观察顶板，严禁单人作业。回柱人员必须站在所撤支柱的倾斜上方并且是支架完整、无崩绳、崩柱、甩钩、断绳抽人等危险情况的安全地点工作，木垛等必须用机械回撤，放顶区域内的支架必须回收干净。

(5) 回柱必须按由下而上，由采空区向煤壁的顺序进行。煤层倾角小的工作面也可从中间向两头回柱，但要特别注意防止垮落岩石下滚造成事故。

(6) 回柱作业中，如果工作地点出现温度升高，有害气体积聚超限，则要安设局部通风机加强通风。

(7) 金属网假顶下分层工作面，应在煤壁内保留有足够长的网道。下分层终采线较上分层终采线要向采空区方向错开一定距离，避开上部煤柱的集中压力。

第四部分

采煤工高级技能

第七章

生 产 准 备

第一节 识读采掘工程平面图与剖面图的方法与步骤

采掘工程平面图是直接根据地质、测量和采矿资料绘制的。图上全面反映煤层赋存和主要地质构造情况，井下主要硐室、采掘巷道布置情况，工程进展情况和工作面相互关系以及开拓系统和通风运输系统等。它是矿图中最基本、最主要的综合性图纸。它一方面反映地质情况，另一方面反映矿井开拓、开采情况。从采掘工程平面图上可以了解井下可采区、无煤区、火区、水淹区、老空区、断层、褶曲等地质情况和煤层开采顺序、开采速度和掘进速度等，因此，可以帮助我们发现问题和解决问题。

以采掘工程平面图为例，一般识读矿图的步骤如下：

（1）看标题栏，首先看图的名称，了解这张图是什么图，用什么视图（平面图、剖面图、立体图），表示什么内容；看图的比例尺，数一数坐标方格网数，可以大致了解工程巷道尺寸。

（2）看图例，通常在下脚注有图例和符号意义，熟悉图例，看图时才能够了解所表达的内容。

（3）看煤层的走向和倾向，判别巷道性质，先看图上指北针定出南北和东西，找到煤层等高线（就是煤层的走向）及垂直等高线方向（就是煤层的倾向）。

（4）根据煤层等高线和地质构造等符号，看煤层的产状、构造。在矿图上煤层等高线中断说明有断层存在，如果两断层面和煤层面交线中间的等高线是缺失的，说明是正断层。如果两断裂线之间等高线是重叠的，说明是逆断层。

（5）从井口到井底车场开始，按照坐标标高点和等高线，找出主要石门、水平运输大巷、主要上（下）山、人行道、开拓方式、采煤方法、采区巷道布置、运输和通风系统等。

（6）用平面图和剖面图对照看。有些矿井巷道平面图较复杂，纵横交错，上下重叠，不易看出巷道位置关系，这时可以用平面图和剖面图对照看。看图时，先找出剖面线位置，然后对照相应的剖面图，就很容易搞清巷道空间位置和关系等。

第二节　矿井电气防爆知识

一、井下电气设备分类及特点

煤矿井下使用的电气设备分为矿用一般型电气设备（标志为“KY”）和矿用防爆型电气设备（标志为“EX”）。

煤矿用防爆电气设备是按照国家标准 GB 3836《爆炸性环境用电气设备》制造的。根据其原理又分为隔爆型电气设备（d）、增安型电气设备（e）、本质安全型电气设备（i）、正压型电气设备（p）、液浸型电气设备（o）、充砂型电气设备（q）。

井下最常用的防爆电气设备是隔爆型和本质安全型。

二、隔爆型电气设备的失爆及其防治

隔爆型电气设备失去耐爆性或不传爆的现象称为失爆。

1. 常见的电气失爆现象

（1）外壳有裂纹、开焊、严重变形或严重锈蚀。

（2）缺螺栓、弹簧垫圈（以压平为合格）、螺扣损坏以及螺纹拧入深度少于规定扣数（伸出长度要 1.5 扣以上）等，连接强度达不到规定要求。

（3）没有密封圈或使用不合格的密封圈，没有封堵挡板或使用不合格封堵挡板。

（4）隔爆接合面锈蚀，间隙、表面粗糙度超过规定值或有较大的机械伤痕、凹坑。

（5）隔爆腔之间的隔爆结构被破坏，如隔爆型电动机的绝缘座被去掉，上下隔爆腔连通等。

2. 失爆防治措施

（1）把好入井关，建立入井管理制度。防爆电气设备入井前，应检查其“产品合格证”“防爆合格证”“煤矿矿用产品安全标志”及安全性能；检查合格并签发合格证后，方准入井。

（2）把好安装、检修、使用和维护关，使防爆电气设备达到完好标准不失爆，失爆的电气设备严禁使用。

（3）建立专业化管理组，落实责任制，做到台台设备有人管、条条电缆有人问，不留死角，发现问题及时处理。

（4）进行定期和不定期安全检查，建立承包机制和巡回检查制度。

第三节　电缆的使用与维护

煤矿井下电能的输送是通过各类电缆来完成的，特别是采区电缆，最易受到碰撞、挤压、炮崩和砸伤，是供电系统中最薄弱的环节，易发生事故。所以电缆的合理选用、敷设、连接、使用及维护对整个矿井的生产安全起着十分重要的作用。矿用电力电缆分为铠装电缆、橡套电缆和塑料电缆 3 类。

一、电缆的选用、敷设和连接要求

电缆的选用包括对电缆的类型和截面大小的选择。它根据电压等级、输送长度、使用地点、负荷大小、设备类型等因素进行计算和验算，需满足允许电流、电压降和过流保护等要求。采掘工作面要使用矿用阻燃橡套电缆；移动式和手持式电气设备应使用专用橡套电缆。

电缆敷设必须用吊钩悬挂并应有适当的弛度。电缆悬挂点间距不得超过 3 m，其悬挂高度应保证电缆在矿车掉道时不受撞击，在电缆坠落时不落在轨道或输送机上。电缆不应悬挂在风管或水管上，不得受到水淋。电缆上严禁悬挂任何物件。电缆与压风管、供水管在巷道同侧敷设时，必须敷设在管子上方并保持 0. 3 m 以上的距离。高、低压电力电缆敷设在巷道同侧时，高、低电缆之间的距离应大于 0. 1 m。高压电缆之间、低压电缆之间的距离不得小于 50 mm，禁止用铁丝吊挂。盘圈或盘“8”字形的电缆不得带电，但给采、掘机组供电的电缆不受此限。

电缆的连接要压紧，不压胶皮，使用防爆接线盒。要达到“三无”，即无“鸡爪子”、无“羊尾巴”、无明接头。

二、电缆的维护和检查

在对井下巷道维修时必须对电缆进行保护，采掘工作面各种移动式采掘机械的橡套电缆，必须严加保护、避免水淋、撞击、挤压和炮崩。每班必须进行检查，发现损伤及时处理。3 kV 以下的橡套电缆运行中的表面温度允许值为 50 ~ 55 ℃。电缆的运行、悬挂情况由日常维护专职人员每天检查一次。

第八章

生　产　操　作

第一节　打　眼　操　作

一、拒爆、残爆的处理方法

1. 处理拒爆残爆程序

《煤矿安全规程》规定，处理拒爆、残爆时，应当在班组长指导下进行，并在当班处理完毕。如果当班未能处理完毕，当班爆破工必须在现场向下一班爆破工交接清楚。处理拒爆、残爆的程序如图 8－1 所示。

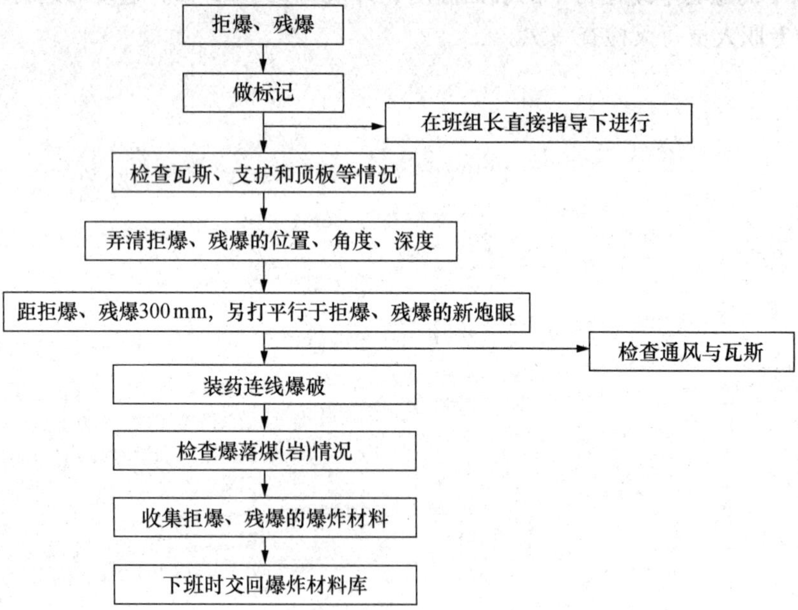

图 8－1　拒爆、残爆处理程序图

2. 处理拒爆、残爆原则

（1）由于连线不良造成的拒爆，可重新连线起爆。

（2）在拒爆、残爆炮眼 0.3 m 以外另打与拒爆、残爆炮眼平行的新炮眼，重新装药起爆。

（3）严禁用镐刨或从炮眼中取出原放置的起爆药卷或从起爆药卷中拉出电雷管。无论有无残余炸药，严禁将炮眼残底继续加深；严禁用打眼的方法向外掏药；严禁用压风吹拒爆（残爆）炮眼。

（4）炮眼爆炸后处理拒爆、残爆时，爆破工必须详细检查炸落的煤和矸石，收集未爆的电雷管。

（5）在拒爆、残爆处理完毕以前，严禁在该地点进行与处理拒爆、残爆无关的工作。

3. 处理拒爆、残爆的登记

处理拒爆、残爆后，应由处理者填写登记卡片或提交报告，内容包括产生的原因、处理的方法和结果、安全措施等，拒爆、残爆处理登记卡见表 8－1。

表 8－1　拒爆、残爆处理登记卡

<table>
<tr><td>区队名称</td><td colspan="2"></td><td>班组名称</td><td colspan="2"></td></tr>
<tr><td>爆破施工单位</td><td></td><td>施工单位负责人</td><td></td><td>爆破时间</td><td></td></tr>
<tr><td>拒爆处理人</td><td></td><td>现场负责人</td><td></td><td>拒爆处理时间</td><td></td></tr>
<tr><td colspan="2">拒爆情况描述（包括拒爆设计眼深、装药量、周边环境、拒爆情况及原因分析等）</td><td colspan="4"></td></tr>
<tr><td colspan="2">拒爆处理方法及安全措施</td><td colspan="4"></td></tr>
<tr><td colspan="2">残留爆炸材料的处理情况</td><td colspan="4"></td></tr>
<tr><td colspan="2">处理结果及说明</td><td colspan="4"></td></tr>
<tr><td colspan="2">班组长意见：

签字：　　　　年　月　日</td><td colspan="2">瓦斯检查员意见：

签字：　　　　年　月　日</td><td colspan="2">安全检查员意见：

签字：　　　　年　月　日</td></tr>
</table>

二、工作面生产机具的安全使用和维护

（一）凿岩机的安全使用和维护

1. 凿岩机的安全使用

（1）检查工作地点的支护必须牢靠，空顶作业的空顶距离必须符合作业规程的规定。

（2）凿岩机工作前，必须向注油器内注满润滑油，并调整油阀，使耗油量在 2.5～3.0 cm^3/min，严禁凿岩机在无油或缺油状况下运转。

（3）凿岩机工作前，应吹净供气管内和接头处的污物。

（4）启动凿岩机时，应小开轻打，在气腿推力逐渐加大的同时开全车凿岩。不得在气腿推力最大时突然开全车运转，也不得长时间开全车空转，以免损坏零件。

（5）凿岩机工作中，应注意钻进速度和运转声音是否正常。如钻进速度加快，应把操纵把手扳至强吹位置，以免夹钎；如钻进速度过慢，应立即停机检查。

（6）禁止使用弯曲或中心孔不通的钻杆，钻头不合格时，必须立即更换。

（7）检查岩粉的冲洗和排出情况，供水量适宜时，岩浆应保持稀粥状。严禁无水钻进。

（8）检查气腿工作状况并随时进行调整。

（9）凿岩机工作中，应随时注意钎杆突然折断，以防发生伤人事故。

（10）掌钎工不得戴手套。

（11）退钻时，不得用力猛拉，应以半开车状态缓慢拔出钎杆。

（12）钻孔结束后，应拆掉水管进行轻运转，吹净机器内残存的水滴，以防机器内零件锈蚀。

2. 凿岩机的维护

（1）检查凿岩机两侧长螺栓是否紧固，注水阀门是否严密，气腿连接部分的螺栓松紧程度是否适宜，气腿外管是否弯曲或变形，气腿伸缩是否灵活。

（2）检查钎头的刃角是否锋利，钎杆是否平直，钎杆和钎尾有无裂纹，钎杆中心孔有无堵塞。

（3）检查凿岩机使用的风压，应在0.5～0.6 MPa范围内；水压应在0.2～0.3 MPa范围内。

（4）检查风管、水管及其连接部位有无泄漏。

（5）检查操纵把手是否灵活、可靠。

（6）凿岩机使用过程中，必须每隔1 h向注油器内注油1次。

（二）煤电钻的安全使用和维护

1. 煤电钻的安全使用

（1）工作面风流中瓦斯浓度超过1%时，严禁使用煤电钻打眼。

（2）每班工作前，必须认真检查煤电钻的综合保护装置并做一次跳闸试验。严禁甩掉综合保护装置。

（3）煤电钻应空载启动并检查钻杆旋转方向是否正确（从电动机向钻杆方向看应顺时针旋转）。

（4）必须湿式打眼，严禁打干眼。

（5）煤电钻操作人员必须避开开眼口方向，两脚前后分开站在实底上。

（6）打眼时不得用力猛推或用肩扛，应以胸部顶住后盖均匀用力，以防煤电钻过载。

（7）打眼过程中，应适当前后窜动钻杆，以利于排粉，防止断杆伤人和卡钻事故。

（8）煤电钻连续使用30 min后，应暂停钻进并进行降温，使电动机温升不超过50 ℃。

（9）工作面突然停风、停电时，必须立即停止打眼，撤离工作地点。

（10）打眼时出水有异状，温度忽高忽低，有明显瓦斯涌出或煤体松散等迹象时，应停止工作并汇报。

2. 煤电钻的维护

（1）检查并试验综合保护装置。

（2）检查供电电缆及其连接装置，检查绝缘包层的使用情况，检查开关动作是否灵活、可靠。

(3) 检查电动机、减速器和散热风扇的运转声音和温升，及时加注润滑油。

(4) 检查钻杆、钻头及其与套筒的连接状况。

(5) 检查供水压力不得超过0.15 MPa，供水管路不得漏水。

(6) 禁止带电检查煤电钻的转动部位和电缆。

第二节 落 煤 与 装 煤

一、落煤器具故障分析与处理

1. 风镐常见故障及处理

风镐在使用中常见的故障有冲击次数减少、耗风量增加、零部件磨损以及风镐不能停止工作等。故障产生的原因及处理方法见表8－2。

表8－2 风镐常见故障与处理方法

现 象	原 因	处 理 方 法
冲击次数减少	1. 滤风网阻塞 2. 缸体与阀柜间风道阻塞，使锤体速度减慢 3. 钢套与镐钎尾部间隙过大 4. 各运动部件磨损造成间隙过大 5. 胶管阻塞	1. 拧开风管接头螺纹，用压缩空气吹净风网 2. 拆卸风镐，洗净缸体与阀柜的各风道 3. 若间隙超过0.6 mm，则应更换钢套 4. 缸体内径与锤体之外径间隙不应超过0.08 mm，阀柜内径和阀中部外径间隙不应超过0.06 mm 5. 检修或更换
耗风量增加	1. 胶管破损或连接套不良 2. 某些机件接合不紧，漏风增加	1. 更换胶管或将连接套更换 2. 拧紧零部件
缸体内壁被磨损	1. 滤风网破裂，缸体进入杂质 2. 镐钎尾部或锤体损坏，杂质进入缸体内	用锉刀或砂布磨光被刮损处或将其镗至标准尺寸
零部件生锈及磨损	在压缩空气中含水过大或有杂质	经常清洗滤风网，并保证完整；压风管路中安装分水器，并定期排出积水
风镐不能停止工作	阻塞阀套内的阻塞阀被咬住或装配时阻塞阀弹簧未装上	卸下柄体，除去阻塞阀上的伤痕再装入，并装上弹簧

2. 煤电钻常见故障及处理

煤电钻常见故障及处理方法如下：

(1) 打眼时煤电钻突然不转。

原因：煤电钻过负荷或电流短路，使电磁开关跳闸；保险丝烧断；外因使电源开关停电；电缆被拉断或砸坏而停电；电钻变压器线包烧坏。

处理方法：同时使用煤电钻的台数不能超过变压器负荷的规定；检查煤电钻开关是否完好，不合格的保险丝应更换；电源开关要放在不妨碍行人、走车和无淋水的安全地点；电缆要悬挂整齐，松紧合适。

（2）煤电钻把手开关不好使。

原因：接触点接触不良，螺栓松动，开关弹簧失灵。

处理方法：定期检查接触点是否完好，检查并拧紧螺栓，及时更换接触片或弹簧。

（3）通电后电动机嗡嗡发响，钻杆不转动。

原因：手把开关接触不良，电缆接头断了一相，电源开关接触点缺相或保险丝烧断，煤电钻电机定子线圈短路。

处理方法：更换开关；用试电笔检查接头断路处重新连接；切断电源，调整开关接触点或更换保险丝；煤电钻送地面修理。

（4）钻杆不转。

原因：主轴和齿轮销子断，齿轮和轴连接键断，主轴断，齿轮损坏。

处理方法：打开煤电钻前盖，更换销子；更换齿轮键；煤电钻送地面修理。

（5）钻杆倒转。这是由于手动开关反相连接或电缆插销插反，可以打开手动开关，重新连接或重新改插插销。

（6）钻嘴不转。

原因：减速器齿轮内销顶住齿轮。

处理方法：如销子已磨损，应及时更换。

（7）煤电钻漏电。煤电钻受潮引起的漏电，应将煤电钻放在干燥、安全的地点。

（8）煤电钻风扇碰壳。风扇销脱落或松动，引起的煤电钻风扇碰壳，应紧固风扇销。

二、煤岩爆破有关规定

《煤矿安全规程》对煤岩爆破有关规定如下：

第三百四十八条　爆破作业必须编制爆破作业说明书，并符合下列要求：

（一）炮眼布置图必须标明采煤工作面的高度和打眼范围或者掘进工作面的巷道断面尺寸，炮眼的位置、个数、深度、角度及炮眼编号，并用正面图、平面图和剖面图表示。

（二）炮眼说明表必须说明炮眼的名称、深度、角度，使用炸药、雷管的品种，装药量，封泥长度，连线方法和起爆顺序。

（三）必须编入采掘作业规程，并及时修改补充。

钻眼、爆破人员必须依照说明书进行作业。

第三百五十三条　在高瓦斯、突出矿井的采掘工作面实体煤中，为增加煤体裂隙、松动煤体而进行的 10 m 以上的深孔预裂控制爆破，可以使用二级煤矿许用炸药，并制定安全措施。

第三百五十四条　爆破工必须把炸药、电雷管分开存放在专用的爆炸物品箱内，并加锁，严禁乱扔、乱放。爆炸物品箱必须放在顶板完好、支护完整，避开有机械、电气设备的地点。爆破时必须把爆炸物品箱放置在警戒线以外的安全地点。

第三百五十五条　从成束的电雷管中抽取单个电雷管时，不得手拉脚线硬拽管体，也不得手拉管体硬拽脚线，应当将成束的电雷管顺好，拉住前端脚线将电雷管抽出。抽出单个电雷管后，必须将其脚线扭结成短路。

第三百五十六条　装配起爆药卷时，必须遵守下列规定：

（一）必须在顶板完好、支护完整，避开电气设备和导电体的爆破工作地点附近进行。严禁坐在爆炸物品箱上装配起爆药卷。装配起爆药卷数量，以当时爆破作业需要的数量为限。

（二）装配起爆药卷必须防止电雷管受震动、冲击，折断电雷管脚线和损坏脚线绝缘层。

（三）电雷管必须由药卷的顶部装入，严禁用电雷管代替竹、木棍扎眼。电雷管必须全部插入药卷内。严禁将电雷管斜插在药卷的中部或者捆在药卷上。

（四）电雷管插入药卷后，必须用脚线将药卷缠住，并将电雷管脚线扭结成短路。

第三百五十七条 装药前，必须首先清除炮眼内的煤粉或者岩粉，再用木质或者竹质炮棍将药卷轻轻推入，不得冲撞或者捣实。炮眼内的各药卷必须彼此密接。

有水的炮眼，应当使用抗水型炸药。

装药后，必须把电雷管脚线悬空，严禁电雷管脚线、爆破母线与机械电气设备等导电体相接触。

第三百五十八条 炮眼封泥必须使用水炮泥，水炮泥外剩余的炮眼部分应当用黏土炮泥或者用不燃性、可塑性松散材料制成的炮泥封实。严禁用煤粉、块状材料或者其他可燃性材料作炮眼封泥。

无封泥、封泥不足或者不实的炮眼，严禁爆破。

严禁裸露爆破。

第三百五十九条 炮眼深度和炮眼的封泥长度应当符合下列要求：

（一）炮眼深度小于 0.6 m 时，不得装药、爆破；在特殊条件下，如挖底、刷帮、挑顶确需进行炮眼深度小于 0.6 m 的浅孔爆破时，必须制定安全措施并封满炮泥。

（二）炮眼深度为 0.6～1 m 时，封泥长度不得小于炮眼深度的 1/2。

（三）炮眼深度超过 1 m 时，封泥长度不得小于 0.5 m。

（四）炮眼深度超过 2.5 m 时，封泥长度不得小于 1 m。

（五）深孔爆破时，封泥长度不得小于孔深的 1/3。

（六）光面爆破时，周边光爆炮眼应当用炮泥封实，且封泥长度不得小于 0.3 m。

（七）工作面有 2 个及以上自由面时，在煤层中最小抵抗线不得小于 0.5 m，在岩层中最小抵抗线不得小于 0.3 m。浅孔装药爆破大块岩石时，最小抵抗线和封泥长度都不得小于 0.3 m。

第三百六十一条 装药前和爆破前有下列情况之一的，严禁装药、爆破：

（一）采掘工作面控顶距离不符合作业规程的规定，或者有支架损坏，或者伞檐超过规定。

（二）爆破地点附近 20 m 以内风流中甲烷浓度达到或者超过 1.0%。

（三）在爆破地点 20 m 以内，矿车、未清除的煤（矸）或者其他物体堵塞巷道断面 1/3 以上。

（四）炮眼内发现异状、温度骤高骤低、有显著瓦斯涌出、煤岩松散、透老空区等情况。

（五）采掘工作面风量不足。

第三百六十二条 在有煤尘爆炸危险的煤层中，掘进工作面爆破前后，附近 20 m 的巷道内必须洒水降尘。

三、复杂条件下进行爆破的施工方法

1. 遇老空区的爆破

老空区往往积存有大量的水、瓦斯和其他有毒有害气体，如果不慎爆破掘通老空区，就可能发生突然涌水、人员中毒和瓦斯爆炸等恶性事故。因此，在接近老空区时，必须采取相应的安全措施：

（1）爆破地点距老空区 15 m 前，必须通过打探眼等有效措施，探明老空区的准确位置和范围、瓦斯、积水及发火等情况，针对查明的情况，修正或调整安全措施，否则不准装药或爆破。

（2）穿透老空区爆破时，必须撤离人员并在无危险地点爆破。爆破后，必须再查明老空区情况，确认无危险时，才允许恢复工作。

（3）打眼时，发现煤、岩变松软、炮眼内出水异常、工作面温度骤高骤低、瓦斯量增大等异常情况，说明工作面已临近老空区，必须查明原因、采取措施，具备爆破条件时才可以装药爆破。

（4）必须坚持“预测预报，有疑必探，先探后掘，先治后采”的原则，发现异常情况，必须查明原因、采取措施，否则不准装药爆破，以免误通老空区，发生透水、涌出大量瓦斯以及瓦斯爆炸等事故。

2. 接近积水区的爆破

由于水具有较强的流动性和渗透性，当地质、水文地质情况和采空区位置不明或测量不准确以及过去小煤窑的存在，往往在爆破时误穿积水区导致大量积水涌出，造成冲毁设备、伤亡人员，甚至淹没矿井等严重事故。水害是煤矿五大灾害之一，因此，在接近积水区爆破时，必须加强管理并采取以下安全措施：

（1）在接近溶洞、含水丰富的地层（流沙层、冲击层、风化带等）、导水断层、积水的井巷和老空区，打开隔水煤（岩）柱放水等有透水危险的地点爆破时，必须坚持“预测预报，有疑必探，先探后掘，先治后采”的原则。

（2）接近积水区，要根据已查明的情况，进行切实可行的排放水设计，制定安全措施，否则严禁爆破。

（3）工作面或其他地点发现有透水预兆（挂红、挂汗、空气变冷、出现雾气、水叫、顶板来压、顶板淋水加大、底板鼓起或产生裂隙出现涌水、水色发浑有臭味、煤岩变松软等异常状况）时，必须停止作业，停止装药、爆破，及时汇报，采取措施，查明原因。若情况危急，必须发出警报，立即撤出所有受水害威胁地点的人员。

（4）打眼时，如发现炮眼渗水，要立即停止钻眼，不要拔出钻杆，立即向班组长或调度室汇报。

（5）合理选择掘进爆破方法，使爆破距离不超过探水安全距离。可采取多打眼、少装药、放小炮的方法，以利于保持煤体的稳定性。

由于积水区资料不全、位置范围不清或测量不准，往往容易发生突发性爆破透水事故，造成重大人员伤亡。

3. 工作面过断层的爆破

采煤工作面过断层主要有两种方法：一种是绕过断层；另一种是直接过断层。绕过断

层是指在断层落差大时，采取重掘开切眼，绕过断层影响范围的方法；直接过断层是指在断层落差较小的情况下，直接穿过断层的方法。由于断层处顶板破碎、煤质变软、淋水加大，易发生冒顶事故，因此，应采取相应的管理措施，防止冒顶事故的发生。

1）遇断层的预兆

采煤工作面经常遇到的地质构造是断层。接近断层时，煤（岩）层节理、裂隙明显增多，岩石之间常有滑动现象，煤（岩）层的走向、倾角发生明显变化，煤层厚度变化大，煤层松软破碎，光泽暗淡，层理混乱，有时还出现滴水和瓦斯涌出量明显增加的现象。

2）过断层的注意事项

（1）接近煤层时，支柱应加固，适当缩小控顶距并在断层附近加打木支柱；棚顶处要背紧刹严，以防顶煤或破碎的岩石落下造成冒顶；若已有小范围冒落，应及时接顶，防止冒落范围扩大。

（2）断层附近应进行超前处理，挑顶或卧底时要少装药，放小炮，尤其顶部眼，更要注意控制药量；严禁放大炮，避免崩坏、崩倒支柱或爆破时对顶板震动过大而造成冒顶。

（3）合理确定放顶步距，一次回清断层外侧支架，如图 8－2 所示。

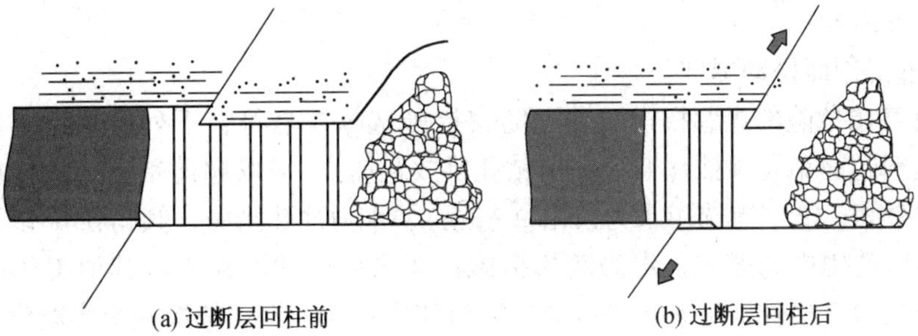

(a) 过断层回柱前　　(b) 过断层回柱后

图 8－2　断层处的放顶步距

（4）过断层时，要注意煤与瓦斯突出和冲击地压的预兆，加强对瓦斯的检测，避免在瓦斯超限的情况下进行爆破。

（5）发现炮眼涌水或顶板淋水过大等透水预兆，应采取防止透水的措施。

（6）进入断层附近工作时，应先检查顶板安全状况，注意顶板压力变化，确定无安全隐患后，再进行作业，防止发生顶板垮落事故。

（7）装药时，注意检查装药的炮眼有无裂缝，避免出现漏气、喷火现象。

（8）断层带处岩石破碎，膨胀性较大，应认真清孔，以防装药时药卷被卡住而送不到炮眼底部。

4. 溜煤眼堵塞时的爆破

用裸露爆破方法处理卡在溜煤眼中的煤矸也是极不安全的，因为溜煤眼被堵塞，往往造成通风不良，容易积聚瓦斯，煤尘也较多，一旦裸露爆破，使爆破火焰直接接触瓦斯并震动煤尘，很容易引起瓦斯或煤尘爆炸事故。因此，严禁用裸露爆破处理卡在溜煤眼中的煤、矸。《煤矿安全规程》规定，处理卡在溜煤（矸）眼中的煤、矸时，如果确无爆破以外的办法，可爆破处理，但必须遵守下列规定：

（1）爆破前必须检查溜煤（矸）眼内堵塞部位的上部和下部空间的瓦斯浓度。

（2）爆破前必须洒水。

（3）使用用于溜煤（矸）眼的煤矿许用刚性被筒炸药，或者不低于该安全等级的煤矿许用炸药。

（4）每次爆破只准使用 1 个煤矿许用电雷管，最大装药量不得超过 450 g。

5. 挖底、刷帮、挑顶的浅孔爆破

《煤矿安全规程》规定，在特殊条件下，如挖底、刷帮、挑顶确需进行炮眼深度小于 0.6 m 的浅孔爆破时，必须制定安全措施并封满炮泥。炮眼深度为 0.6 ~ 1 m 时，封泥长度不得小于炮眼深度的 1/2。炮眼深度超过 1 m 时，封泥长度不得小于 0.5 m。炮眼深度超过 2.5 m 时，封泥长度不得小于 1 m。

6. 突出煤层采用的松动爆破

松动爆破是在工作面前方向煤体深部的高压力带打几个深度较大的炮眼，装药爆破后使煤体破裂松动、消除煤质软硬不均现象并形成瓦斯排放的渠道，在工作面前方形成较长的低压带，使工作面前方应力集中带和瓦斯高压带移向煤体的更深部位，起到卸压和排放瓦斯的作用，故可预防瓦斯突出的发生。根据《防治煤与瓦斯突出细则》的相关规定，需要注意以下内容：

1）掘进工作面松动爆破

（1）有突出危险的煤巷掘进工作面防突措施选择应当符合下列要求：①优先选用超前钻孔（包括超前钻孔预抽瓦斯、超前钻孔排放瓦斯），采取超前钻孔排放措施的，应当明确排放的时间；②不得选用水力挤出（挤压）、水力冲孔措施；倾角在 8°以上的上山掘进工作面不得选用松动爆破、水力疏松措施；③采用松动爆破或者其他工作面防突措施时，必须经试验考察确认防突效果有效后方可使用；④前探支架措施应当配合其他措施一起使用。

（2）煤巷掘进工作面采用松动爆破防突措施时，应当符合下列要求：①松动爆破钻孔的孔径一般为 42 mm，孔深不得小于 8 m。松动爆破应当至少控制到巷道轮廓线外 3 m 的范围。孔数根据松动爆破的有效影响半径确定。松动爆破的有效影响半径通过实测确定；②松动爆破孔的装药长度为孔长减去 5.5 ~ 6 m；③松动爆破按远距离爆破的要求执行；④松动爆破应当配合瓦斯抽放钻孔一起使用。

（3）在突出岩层中掘进巷道时，可以采取钻眼爆破工程参数优化、超前钻孔、松动爆破、开卸压槽及在工作面附近设置挡栏等防治岩石与二氧化碳（瓦斯）突出措施。

（4）在严重突出危险地带，可以采用超前钻孔和松动爆破措施。超前钻孔直径不小于 75 mm，孔数根据巷道断面大小、突出危险岩层赋存及单个排放钻孔有效作用半径考察确定，但不得少于 3 个，孔深应当大于 40 m，钻孔超前工作面的安全距离不得小于 5 m。

（5）深孔松动爆破孔径一般 60 ~ 75 mm，孔长 15 ~ 25 m，封孔深度不小于 5 m，孔数 4 ~ 5 个，其中爆破孔 1 ~ 2 个，其他孔不装药，以提高松动效果。

（6）爆破后在钻孔周围形成破碎圈和松动圈，圈内的煤分别呈碎屑状和破碎状，有助于削除煤的软硬不均而引起的应力集中并形成瓦斯排放通道，降低瓦斯压力，对于防突是有利的。为了防止延期突出，爆破后至少等待 20 min，方可进入工作面，一般在松动爆破后，工作面停止作业 4 ~ 8 h。撤人和爆破的安全距离，根据突出危险程度确定，但不得少于 200 m 并且撤出的作业人员应处于新鲜风流中。

2）采煤工作面松动爆破

（1）采煤工作面可以选用超前钻孔（包括超前钻孔预抽瓦斯和超前钻孔排放瓦斯）、注水湿润煤体、松动爆破或者其他经试验证实有效的防突措施。采取排放钻孔措施的，应当明确排放的时间。

（2）采煤工作面的松动爆破防突措施适用于煤质较硬、围岩稳定性较好的煤层。松动爆破孔间距根据实际情况确定，一般 2 ~ 3 m，孔深不小于 5 m，炮泥封孔长度不得小于 1 m。应当适当控制装药量，以免孔口煤壁垮塌。松动爆破时，应当按远距离爆破的要求执行。

（3）松动爆破时，工作面停止作业，起爆距离不小于 200 m，爆破 20 min 后方可恢复工作。

第三节　支护与顶板控制

一、人工顶板的铺设与再生顶板

1. 人工顶板的铺设方法

分层开采时为阻挡上分层垮落矸石进入工作空间而铺设的隔离层称为人工顶板。需要分层开采的厚煤层，在两层之间铺设网片、笆片或木板，形成人为的隔离层，改善下一分层开采的顶板条件，达到安全生产的目的。

人工顶板按结构分为片式和网式两种。片式人工顶板有木板、竹笆和荆笆 3 种；网式人工顶板有金属网、塑料网和镀塑金属网 3 种。

木板人工顶板在 20 世纪 50 年代比较盛行，后因木材资源有限及强度较低、易腐朽等缺点已被淘汰。目前，使用比较普遍的是金属网、塑料网和镀塑金属网人工顶板。有些矿区就地取材，充分利用当地资源，采用竹笆或荆笆做人工顶板的材料，获得了良好的技术经济效果。

一般的人工顶板都是铺设金属网。有铺设底网和铺设顶网两种铺设方法。

（1）铺底网。底网是将金属网片铺在采煤工作面的底板上，采煤时只能支设临时支柱维护顶板，铺网时撤除，铺完网后再支设基本支柱和移设刮板输送机。铺底网的缺点是工序复杂、效率低、非生产时间长，而且经常造成金属网的破坏；同时临时支柱对顶板支护不利，所以该方法应用较少，应用较多的是铺顶网。

（2）铺顶网。铺顶网就是将金属网片铺在支架的顶梁上，使网片在煤壁侧探出梁头，每次铺网只需将网片与探头网联结在一起，然后在网下支设支架将网片支到顶梁上。这种铺网方法的优点是：工序简化、效率高、进度快，同时不影响支护工作的正常进行，网片还可以起到护顶的作用。

（3）铺顶网和联网。在掘进工作面两巷和开切眼时，在巷道支架的顶梁上顺着掘进方向铺好顶网，网边要延伸到巷道两帮，开切眼两端的网片还要和工作面运输巷、回风巷的网片连接，工作面开采后第一次铺网时，在未采动的煤壁处连接一段网片卷好，以便回收开切眼支架后，使垮落的矸石压牢网片，网片宽度要与采煤进度相适应，达到每破煤、

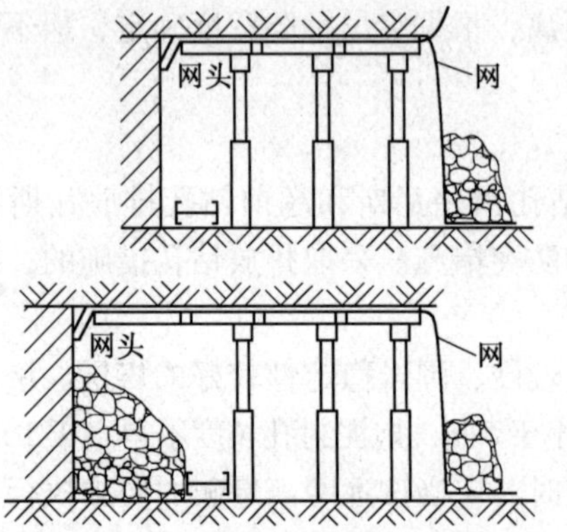

图8-3　顶网铺设方法

装煤一次联顶网一次，挂一次顶梁的要求，具体如图8-3所示。

开采多分层的顶层工作面需要铺双层网片，铺网方法同前。但需要上层网片超前于下层网片，以免上层网被下层遮盖不好联结，工作面两端头的顶网一定与两巷的顶网联结成一体。

网片联结必须做到两片网互相搭接0.1~0.2 m，将搭接部分用铁丝联结在一起，防止下分层开采放顶网时刮破。铺双网时，两层网的接头沿网长度方向错开1 m以上，沿宽度方向错开0.2~0.4 m以上。联结的网扣用0.4 m长的14号镀锌铁丝拧成双股，每隔1~2个网眼将网边搭接部分双重经线或纬线，用特制的小铁钩将双股网扣铁丝绕3圈拧3个扣并将剩余的铁线头窝在网内。

2. 再生顶板的形成条件

分层开采时上分层垮落矸石自然固结或人工胶结而形成的顶板叫再生顶板。

再生顶板是通过压实与胶结两个过程形成的。当垮落的岩块泥质成分较高时，可用洒水的办法使表面泥化，产生胶结作用。如果岩块不含泥质成分时，可用在开采过程中向采空区灌黄泥浆的办法使其胶结。

压实是受上层顶板岩石压力长期作用的结果，一般需要4~6个月甚至1年的时间才能压实，即开采上下两个分层的时间差。如果有形成良好再生顶板的条件，可以不必铺设人工顶板，直接开采下一个分层。

二、急倾斜煤层采煤工作面支护方式及采空区处理

根据急倾斜煤层采煤工作面围岩性质、矿压显现特点及煤层倾角大的特点，在进行围岩动态预测的基础上，确定合理的支护强度；加强支架的稳定性，防止底板滑移；正确选择工作面支护方式和采空区处理方法，根据不同采煤方法特点，采取有针对性的顶底板控制措施。

急倾斜煤层由于采煤方法复杂，支护方式和采空区处理方法也较复杂，一般分为以下4种处理方式：

1. 全部垮落法的支护方式和采空区处理

1）倒台阶及走向长壁工作面

当直接顶能冒落，直接底稳定或较稳定时，一般采取全部冒落法。支护形式一般采用棚子及双行单排密集支柱。当煤层厚度大于1.8 m，顶板较破碎时，以采用单排或双排木垛为宜。在倒台阶工作面，当台阶数目较多时，为缩小控顶面积，在采取安全措施后，可采用分段错茬方法回柱放顶。

工作面放顶后，当采空区上半部出现抽空和悬顶现象时，一般采取以下处理措施：

（1）崩坍风巷上帮煤柱，溜放上区段采空区矸石充填抽空区。

（2）进行人工强制放顶，充填抽空区。

（3）用风力或人工方法将矸石充填抽空区。

(4) 适当降低采高，一般不低于1.5 m，以减少抽空高度，提高支架稳定性。

(5) 适当加宽初次放顶的控顶距，使顶板垮落后的大块矸石滚动冲击力，大部分在靠近放顶线一侧的加宽空间内得到缓冲。除原有一排木垛外，应在加宽空间内加打一排木垛。

2) 倾斜分层下行垮落工作面

为防止顶板掉渣，避免采空区矸石窜入工作面，多采用铺顶网的方法。金属网一般平行于工作面铺设。在水平或斜切分层，采用人工假顶；或煤顶下行垮落的工作面，为保护假顶或煤顶的完整，支护密度不宜过小，顶板必须背紧插严。当工作面长度在10 m左右，一般靠放顶线打两个木垛。工作面长度增加或压力增大时，可适当增加木垛个数。

3) 掩护支架工作面

当顶底板为不稳定或中等稳定岩层时，由于初次垮落的矸石在掩护支架上形成垫层，缓冲了顶板继续冒落的压力，因此一般采用全部冒落法。对于掩护支架的结构形式，在倾角大于70°、煤厚为2～5 m时，一般采用平板型掩护支架。在薄及中厚煤层，可采用拱形或八字形掩护支架。在煤厚5 m以上时，采用组合梁掩护支架。在倾角为45°～60°时，采用拱弧形、扁八字形、弓形或单腿支撑式等形式的掩护支架。钢梁长度一般比平均煤层厚度小0.3～0.5 m。

2. 全部充填法的支护方式和采空区处理

(1) 在煤厚小于4 m、“三下”采煤、维护伪顶及伪底、处理井下废矸、开采近距煤层群或防止煤炭自燃时，可采用沿走向推进的伪斜工作面或沿走向推进的长壁伪倾斜工作面全部充填法。工作面支护采用戴帽点柱或棚子。一般每推进一排自溜充填一次。最小控顶距为1.2～1.6 m，最大控顶距为2.2～2.4 m。

(2) 在顶底板特别坚硬，或“三下”采煤等掩护支架工作面，可采用全部充填法。一般在掩护支架安装完毕后，立即在掩护支架上面充填矸石，矸石需充填到溜矸眼上山，以后随着支架下放继续充填。当支架下放到接近运输巷时，要控制充填矸石量，以免妨碍支架的回收。

(3) 在煤层厚度小于2.5 m、近距煤层、自然发火倾向严重或为了掘进矸石不出井等，可采用倒台阶工作面全部充填法。其支护方式与全部冒落法的支护方式相同。一般最小控顶距为3.6 m，最大控顶距为14.4 m，充填步距为3.6～10.8 m。

3. 缓慢下沉法的支护方式和采空区处理

在煤层厚度小于1 m，顶底板能在采空区塑性变形直至互相闭合时，可采用缓慢下沉法。工作面一般采用移动式木垛或气垛，既可支护工作空间，又可隔离采空区。缓慢下沉法一般能控制上覆岩层的活动，使大多数工作面矿压显现不明显。

4. 煤柱支撑法的支护方式和采空区处理

急倾斜煤层水力采煤法、长孔水封爆破走向长壁采煤法、小分段爆破采煤法等工作面一般无支护。为隔离采空区，支撑采空区顶板，采取留隔离煤柱支撑法。

三、特殊条件下工作面顶板控制

(一) 采煤工作面过旧巷安全措施

在采煤工作面生产过程中，有时需要通过推进前方的旧巷，这些旧巷周围的岩层和支架，由于长期受压和工作面超前支承压力的影响，顶板一般比较破碎，断梁折柱较多，特别是年久失修的旧巷，维护更加困难。因此，过旧巷时一定要提前采取措施，防止发生冒顶事故。

（1）如果旧巷已不通风，应首先通风排除有害气体，然后进行巷道修复。当工作面接近旧巷时，提前在旧巷内加固支架并将旧巷内矸石清理干净。在工作面距旧巷 4 ~ 8 m 时，要加密支护，必要时还要支设木垛配合基本支柱控制顶板，如图 8 - 4 所示。

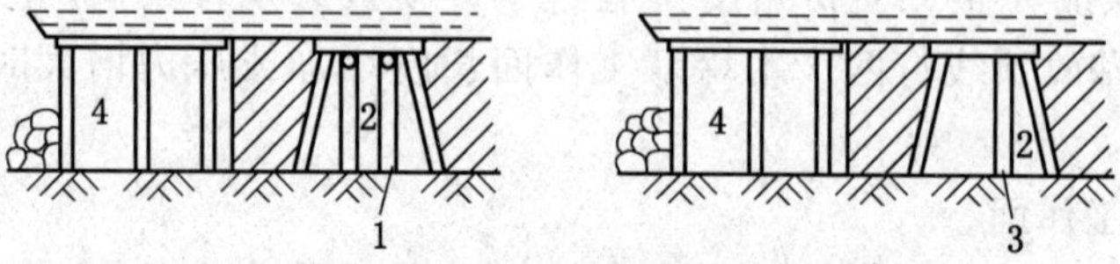

1—抬棚；2—旧巷；3—顶柱；4—工作面

图 8 - 4　过旧巷

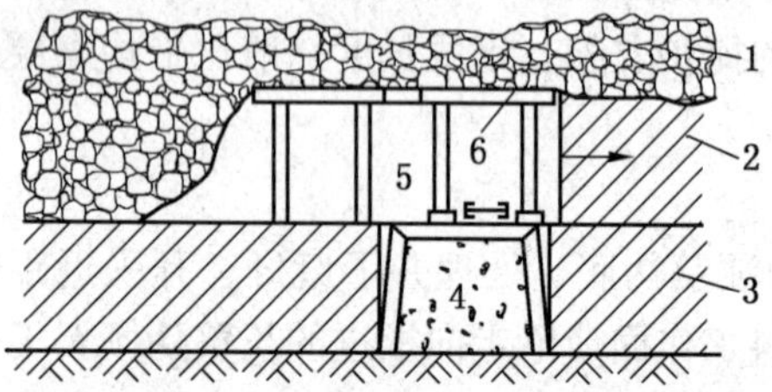

1—上分层；2—中分层；3—下分层；
4—旧巷；5—底梁；6—顶梁

图 8 - 5　厚煤层工作面过旧巷

（2）厚煤层工作面过旧巷一般指过下分层的旧巷（同分层过旧巷的方法同前）应提前将旧巷用砂子或矸石填实，当工作面推到旧巷位置时，底板应铺长梁平行煤壁架在旧巷棚梁上，支柱支在长梁上。如果顶板压力大，应架设木垛控制顶板，如图 8 - 5 所示。

（3）旧巷顶板破碎、压力大、平行推过有困难时，则采用斜交通过的方法。

（4）炮采工作面落煤时，应尽可能放小炮或震动炮，以减轻对顶板的破坏。爆破前要在旧巷设警戒，撤出在旧巷工作的全部人员。

（5）炮采工作面将要透旧巷时，应停止爆破，改用手镐落煤，提前控制顶板。

（6）工作面过旧巷时，要适当加快推进速度，边采边支护，尽量减少空顶时间和空顶面积，防止发生冒顶。

（二）采煤工作面过小地质构造安全措施

1. 工作面过断层

1）工作面遇断层前的预兆

采煤工作面遇断层前，一般有以下预兆：煤（岩）层的走向、倾向发生明显变化，顶底板的完整程度破坏严重，裂隙增多；煤质变软，光泽变暗，煤层层理不清；有时还有滴水和瓦斯涌出量增多的现象。

2）工作面过断层的措施

（1）对于落差大、影响范围广（走向长，破碎带宽）的断层，在利用探巷探明断层范围后，采取重掘开切眼绕过断层的方法；对于落差小的断层，在采取针对性的措施后，采取硬过断层的方法。

（2）过断层时，先要搞清楚工作面煤壁与断层走向的夹角，如断层走向与煤壁夹角太小，则断层破碎带暴露面积大，顶板维护困难。条件允许时，可提前调整工作煤壁与断层走向的夹角，使其在合适的范围内（顶板中等稳定时为20°～30°，顶板不稳定时为30°～45°），以减少断层在工作面煤壁出露的长度。过断层后，再把工作面方向调整过来。

（3）断层落差不超过工作面采高的1/3，断层附近顶板较完整时，过断层不需采取特殊方法。倾斜分层开采时，可调整分层采高通过断层。

（4）通过断层时，如断层附近煤层较薄，难以铺设输送机，行人或采煤机通过有困难时，应根据顶底板的岩石强度、断层赋存的具体情况，进行挑顶或挖底。挑顶挖底时，做到既要安全，又要处理量小，如图8－6所示。

（5）挖底过断层如留顶煤时，对顶煤要刹紧背严。如果顶煤松软留不住，则采取先支超前托梁，然后在托梁上由下向上用木垛接顶。

（6）为不影响工作面正常采煤，过断层的工作应超前进行并采取打浅眼、少装药、放小炮的办法；断层附近严禁放大炮。

（7）合理确定放顶步距，一次回收完断层外侧的支架。

（8）硬过断层时，常用的支护方法有以下几种：

① 帽点柱和戗柱。适用于断层落差较小，顶底板、断层面较平整，断层带基本不破碎的情况，如图8－7所示。

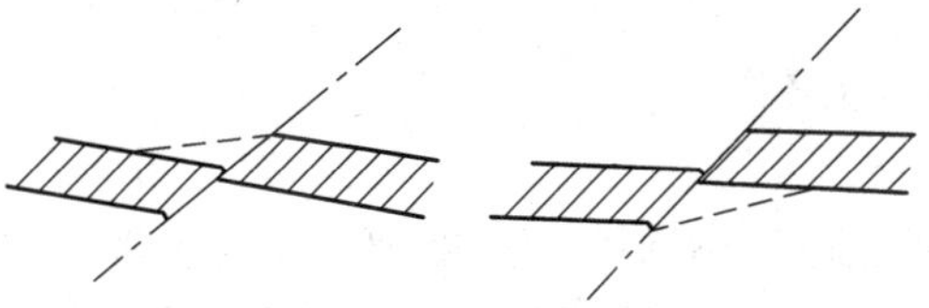

(a) 挑顶　　(b) 挖底

图8－6　挑顶或挖底过断层

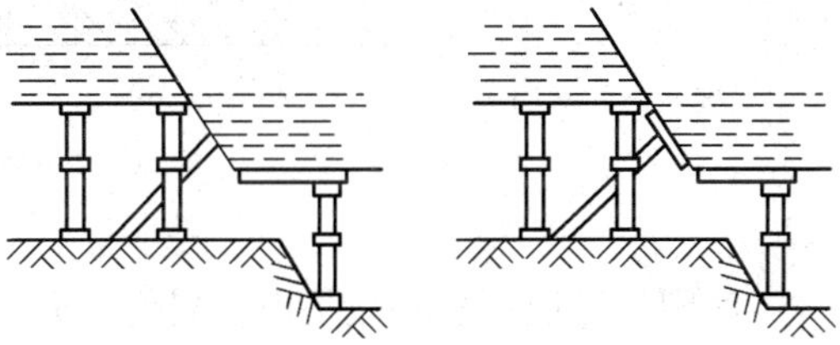

(a) 戗柱　　(b) 帽柱

图8－7　过断层一般支架

② 走向棚子。断层附近的顶板如果比较破碎，可采用一梁二柱或一梁三柱的走向棚子；顶板压力大时，采用走向连锁棚子，棚距一般不大于0.8 m，如图8－8所示。

③ 木垛。断层附近岩石破碎，顶板压力大时，多采用木垛配合基本支架支护。

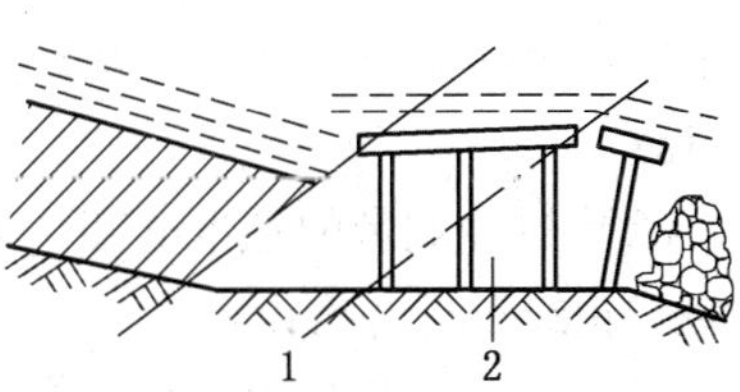

1—断层带；2— 一梁三柱棚

图8－8　过断层走向棚子

2. 工作面过褶曲带

小褶曲发育的地区，有的地方煤层突然增厚，有的地方煤层突然变薄，甚至不可采。小褶曲带同样具有构造裂隙发育、围岩破碎、顶板控制困难、顶板事故多的特点。

工作面过小褶曲带的围岩控制措施和过小断层破碎带的措施基本相同，对工作面能直接通过的小褶曲，采取挑顶或挖底的方法处理，支护方式根据具体情况而定，可采用戗柱、戗棚、棚子或木垛等支架形式；对于工作面无法直接通过的小褶曲，则采用重掘开切眼的方法。

3. 工作面过陷落柱

工作面过陷落柱（与奥灰水无导水裂隙）的方法和过断层一样，对于范围较大的陷落柱，用巷探法探明影响范围后，采取重掘开切眼绕过陷落柱的方法；对于小范围的陷落柱，根据陷落柱内岩石的破碎程度，采取以下措施直接通过：

（1）陷落柱内岩石破碎，要采用一梁二柱或一梁三柱的连锁棚，棚距不超过0.5 m，棚梁上要背严背实，不漏矸；底软或空虚不实时，要用碎矸填实并穿上铁鞋。

（2）陷落柱的边缘地带是围岩构造最复杂的地段，要用木垛配合基本支架控制围岩。如果岩石胶结不好，暴露后容易流矸、塌顶，则应采用撞楔超前控制顶板。

（3）过陷落柱应有专人负责，提前打眼爆破并超前一排进度；要打浅眼、少装药、放小炮，防止崩倒支架、崩坏顶板，引起冒顶。

4. 工作面过冲刷带

冲刷带是指成煤后由于古河流冲刷侵蚀了煤层、顶（底）板，而后砂石又充填了被侵蚀区，煤层及顶（底）板被砂岩代替，有时还在煤层内形成包裹体，如图8－9所示。

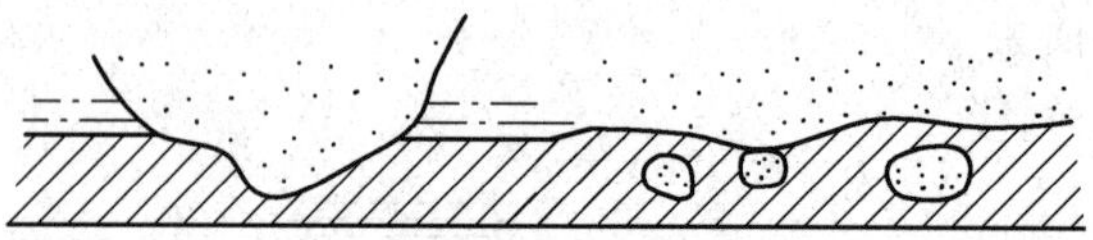

图8－9 冲刷和冲刷包裹体

冲刷带煤层顶板一般是由页岩变成砂岩，接触面凹凸不平，岩性变硬，煤层变薄或尖灭。冲刷带附近的煤层和围岩受水侵蚀和风化，孔隙率大，煤层松软，直接顶变薄，容易发生离层垮落。

工作面过冲刷带应采取的措施如下：

（1）根据冲刷带顶板的特性，一方面，在冲刷带下的工作面必须按坚硬顶板控制，防止顶板大面积垮落时发生大面积冒顶事故；另一方面，在冲刷带边缘，必须防止局部冒顶事故。

（2）过冲刷带的基本支架，多采用连锁棚，在冲刷带边缘棚距适当缩小，密集支柱应为三花或双排并增设木垛。

（3）采空区悬顶距离超过作业规程规定时，必须采用人工强制放顶。

（三）采煤工作面顶板出现各种劈理时的顶板控制

煤层顶板中的层理、节理、裂隙和滑动面统称为劈理。采煤工作面大量局部冒顶事故和各种劈理有关，因此，针对不同的劈理应采取下述顶板控制措施：

（1）对层理发育的顶板，落煤后要立即支护，支柱的初撑力要高，以减少离层程度。单体支柱要用连锁式布置，棚梁之间加打撑子，以防推倒支架。

（2）对节理发育的顶板，要使工作面对着主节理的方向推进，如图8－10a所示。如果顺着主节理方向推进，当顶板出现张开裂隙或台阶下沉时，要采用连锁支架，加密支护，加打木垛，适当加大控顶距，如图8－10b所示。打眼爆破时，应少装药、少爆破。对节理发育地点的回柱放顶要制定回柱的安全措施并要首先回撤该段，然后再分段回撤张开裂隙或台阶下沉以外的支柱。要避免各段同时回柱，以免顶板大面积集中垮落，造成冒顶。

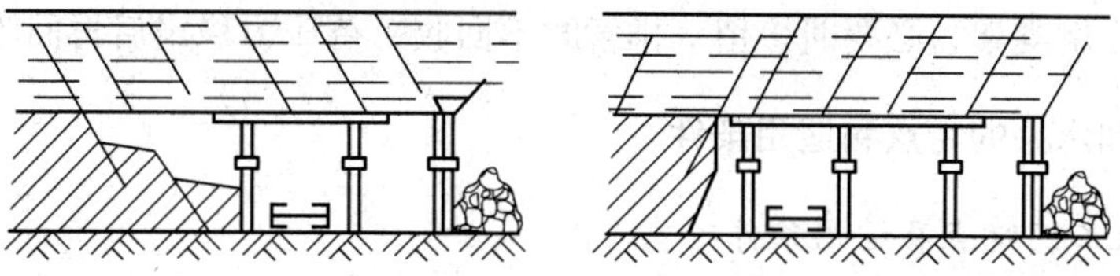

(a)　　(b)

图 8－10　工作面推进方向与主节理方向的关系

（3）对顶板中的节理、裂隙和滑动面，由于自然组合或采动影响形成的局部劈理，要及时敲帮问顶，挑落活矸和及时支护，根据不同的劈理形状采取以下防冒顶措施。

① 对两组节理或裂隙交成的“人字劈”（图 8－11a），4 个方向的裂隙或节理切割顶板形成的“升斗劈”（图 8－11b），由滑动面和裂隙或节理切割顶板成锅状的“锅底劈”（图 8－11c）等劈理，由于劈理面严密，其白色结晶面痕迹不易被发现。当层面上的薄皮矸连续掉落时，说明劈理已有移动，要用悬臂梁提前探出顶梁支护并用连锁支架控制，交班时不能缺棚少柱。禁止工作人员在此类无支护的空顶区操作。

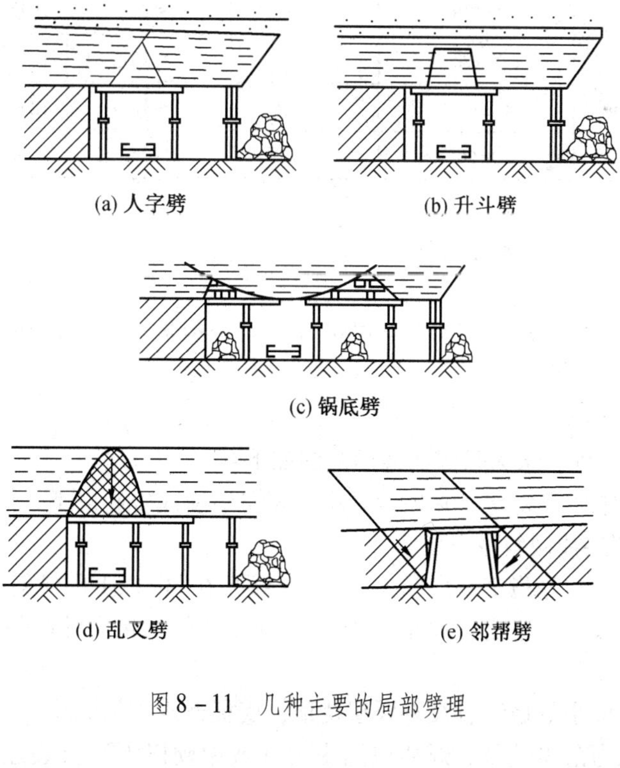

(a) 人字劈　　(b) 升斗劈

(c) 锅底劈

(d) 乱叉劈　　(e) 邻帮劈

图 8－11　几种主要的局部劈理

② 裂隙或节理多而紊乱，面积不大的“乱叉劈”，使顶板破碎不易维护，常发生漏顶，如图 8－11d 所示。发现后要及时支护，棚梁上多插小板，必要时用笆片背紧。如果

已漏开口，要及时在棚梁上支小木垛插紧背实。

③ 工作面运输巷、回风巷出口一帮出现的“邻帮劈”，如图 8 - 11e 所示。不仅片帮严重，而且片帮后可能推倒上下出口支架，因此要先用单腿棚支撑劈口边缘，插严背实。为防止回柱时推倒支架，必要时多留一排暂时不回收，待压力稳定后再回收。

四、综采和水采的特点和适用条件

(一) 综采工艺特点及适用条件

1. 综采工艺特点

综合机械化采煤简称“综采”。综采工艺的特点是落煤、装煤、运输、支护、采空区处理等工序全部实现了机械化。综采使用了自移式支架支护顶板，解决了支护与回柱放顶人工操作的难题，实现了支护与采空区处理的机械化。综采的优点是劳动强度低、产量高、效率高、安全条件好。

2. 综采工艺适用条件

根据我国综采生产的经验和目前的技术水平，综采适用于以下条件：煤层地质条件较好、构造少，上综采后能很快获得高产、高效，可优先装备综采（表 8 - 3）。

表 8 - 3　优先装备综采的条件

序号	使用条件	井型/(万 $t \cdot a^{-1}$)	煤层厚度/m	煤层倾角/(°)	地质构造	基本顶(类型)
1	中厚煤层	>120	1.3 ~ 3.5	<25	比较简单	Ⅰ、Ⅱ、Ⅲ
2	厚煤层开采	>120	>5	<15	比较简单	Ⅰ、Ⅱ、Ⅲ
3	厚煤层一次采全高	120	3.5 ~ 4	<15	比较简单	Ⅰ、Ⅱ、Ⅲ
4	经济型综采	>60	3.0 以下	<25	比较简单	Ⅰ、Ⅱ、Ⅲ

(二) 水力采煤分类及适用范围

1. 水力采煤的分类

根据水力落煤设备的差异，水力采煤可分为水枪射流破煤和高压（超高压）射流配合机械设备破煤两大类。

2. 水力采煤的适用范围

针对我国具体条件，水力采煤的适用范围如下：

(1) 顶板稳定或中等稳定，瓦斯含量小，煤质中硬或中硬以下，倾角不小于 10°，煤层厚度 3 ~ 8 m 的缓斜或倾斜厚煤层。

(2) 顶板稳定或中等稳定，煤厚大于 1 m，倾角在 30°以上的倾斜或急斜煤层。

(3) 顶板稳定或中等稳定，倾角大于 7°，赋存条件变化大的缓斜、倾斜中厚以上的不规则煤层。

(4) 顶板稳定或中等稳定且没有厚层伪顶，底板遇水不易泥化。

(5) 为保证水力落煤效果，煤质应属中硬（或中硬以下）且裂隙越发育越好。一般 $f>2$ 的煤层不宜采用水采。

(6) 煤层倾角小于 7° ~ 10°，不便于煤水运输；煤层厚度小于 1 m，不便于采掘作业，均不宜采用水采。

（7）井下涌水多、煤层顶板和采空区渗漏水严重，煤尘量大，老采区残煤储量较丰富，需组织复采且煤层条件适合时，采用水力采煤尤为有利。

第四节 操作与维护刮板输送机

一、工作面刮板输送机机头、机尾的延长和缩短

采煤工作面刮板输送机无论是延长或缩短，都必须在运输巷最后一部车被切断电源的前提下进行。

（一）准备工作及注意事项

1. 准备工作

（1）刮板输送机上的煤要全部运完。

（2）原机尾与新机尾之间的煤、矸、杂物等要全部清理干净。

（3）新、旧机尾处支护完好、确认无冒顶危险。

（4）准备好手拉葫芦、撬棍、锤子、扳手等拆移工具。

2. 注意事项

（1）信号、开关、按钮必须齐全、灵敏、可靠。

（2）工作中的全过程都必须使用规定的信号联络，不准用口喊、晃灯、传号等方式指挥工作。

（3）掐链、接链时，点开刮板输送机必须由刮板输送机司机或事前指定经过机电专业培训过的人员操作，防止误操作造成事故。

（4）架抬溜槽时，两人必须行动一致；跨越溜槽时，防止滑倒；放下溜槽时，叫清口号防止碰手碰脚。

（5）每当刮板输送机机头、机尾的延长和缩短结束后，应清点工具、备件等，向班长汇报，收尾。

（二）延长、缩短机头的操作

1. 延长机头的操作

（1）先清除机头附近的障碍物，加固支架，改掉妨碍工作的支柱，正对机头打好拽机头的固定柱子。

（2）用紧链器在机头架上或在过渡槽后打好支杆，反方向开动刮板输送机，解开上链。

（3）正开取下紧链器，使链条与链轮牙齿脱开。

（4）用长度适当的锚链，一头拴在固定柱子上，一头连在底链上（锚链所栓的高度应与机头轴线高度一致）。

（5）利用机头正转，把机头牵引到要求的位置。

（6）机头拽出的距离应稍大于延长的距离，所接的链条长度应为所延溜槽的两倍。

（7）穿上延长溜槽底链，插好销子，上下对正，高度一致，铺好上链，挂上紧链器或利用支杆，反转刮板输送机合茬紧链。

（8）紧链后，链条的长度要适当，再进行试运转。

2. 缩短机头的操作

（1）用上述方法解开上链，在过渡槽上一节处脱开溜槽。

（2）挂上手拉葫芦（倒链）吊脱溜槽，去掉应缩短的溜槽。

（3）在脱开溜槽的上侧（5 m 左右）打上牢固的支杆（一头打在刮板上，另一头打在顶板上），反转点开刮板输送机，使机头上缩合茬（溜槽合茬）。

（4）掐去多余的链条，用紧链器接上链条。

（5）试运转。

（三）延长、缩短机尾的操作

1. 延长机尾的操作

（1）挂紧链器解开上链，每股链条用 ϕ20 mm 的螺栓代替马蹄环重新接上链条。

（2）正转开车，把螺栓从机尾返上来 3 ~ 4 m 停机，去掉螺栓，回掉机尾压车柱。

（3）用撬棍或手拉葫芦（倒链）将机尾移到要求的位置。

（4）铺上所延溜槽，装上底链。

（5）接上链条，在机头处缓慢紧链。

（6）延长的机尾、链子长度要适中，机尾不掉道、上槽不出链、刮板输送机不蹩劲，打好机尾压车柱。

2. 缩短机尾的操作

按照上述方法在机尾解开上链后，拆除要缩短的溜槽，上链接好后，在机头缓慢紧链、试运转。

（四）输送机巷掐机尾的操作

输送机巷掐机尾的操作如下：

（1）解开上链。

（2）将手拉葫芦牢固地吊挂在完整的支架上，钩头挂在应掐开处的溜槽檐上，掐去溜槽。

（3）把掐掉的溜槽靠放在不影响工作的一侧。

（4）开关打反转、点车，将机尾用链条牵引到所需要的位置后，找正方向，对好溜槽、插好销子。

（5）用紧链器紧好链条，长短适当，打好机尾压车柱。

（6）试运转和正式运转。

二、刮板输送机常见故障的预防、处理

（一）刮板输送机断链

1. 刮板输送机断链原因

刮板输送机断链将会造成很大的生产损失，断链的原因有很多，既有客观原因也有主观原因，最主要的是以下几方面的问题：

（1）装煤过多超负荷，压住刮板链。

（2）工作面不直、不平，卡刮板，特别是工作面呈圆弧形的弯曲，边双链的外侧链条负荷过大，最容易被拉断。

（3）链条长期与中部槽及链轮摩擦，产生磨损变形、断面减小、强度降低。

（4）链条在使用中除承受平均载荷外，还要传递链轮的动载荷。链条长时间受动载

的作用，造成疲劳破坏，节距增长、强度降低。

（5）链条制造质量差。

为避免刮板输送机断刮板链给生产造成损失，应针对断链原因，采取针对性措施。第一，在开机前调节刮板链，使之不过松或过紧；第二，装煤要适当不能过满，特别是停机后不能装煤；第三，保持机头与下一台刮板输送机搭接处有不小于 30 mm 的高度，防止回空链带回煤或杂物；第四，随时清理机头、机尾的煤粉与杂物；第五，变形的溜槽与磨损过限的刮板链及时更换，联结环的螺栓要紧固；第六，运转声音不正常时，立即停机，查找原因及时处理，严禁强制启动。

2. 刮板输送机断链的处理方法

如果刮板输送机在运行中断链，因上链有煤，底链隐蔽一般不易发现，只能从征兆中判断。中单链刮板输送机运转时，刮板链在机头底下突然下垂或堆积，或边双链刮板输送机运转时一侧刮板突然歪斜，说明已经断链。

发现断链后应首先停机，找到断链的地点，如上链无断处就是底链折断。断底链一般出现在机头或机尾附近。将溜槽吊起，把卡劲的刮板拆掉，接上链条返回上槽进行处理。

（二）刮板输送机掉链

刮板输送机掉链故障，产生的原因主要是：刮板链过松；刮板弯曲严重；工作面不直，刮板链的一条链受力，使刮板歪斜；输送机过度弯曲；中部槽磨损严重。刮板链一般在链轮处或底槽内脱落，不易处理。下面介绍一般的处理方法及注意事项。

1. 链轮上掉链的处理方法

如因链轮咬进杂物造成掉链时，可以反向断续开动或用撬棍撬，刮板链就可以上轮。当边双链的一条链条掉链，可在两条刮板链相对称的两个立环之间支撑一根硬木，然后开机，掉下的一侧链条就可上轮，如图 8－12 所示。开动时人要离开，以防木棍崩出伤人。

2. 底槽掉链的处理方法

处理底链出槽是一件比较困难的工作。底链掉出后，刮板卡在下槽，使刮板输送机不能开动，这时应先在机头或机尾拆开上链，将底链放松并将溜槽靠采空区侧吊起，垫进一块垫木，将全部出槽的地方都吊起垫好，如图 8－13 所示。然后一人将底链逐段拖入槽内，另一人拉紧刮板链放平溜槽，将链接好后，经检查一切正常再开动刮板输送机。

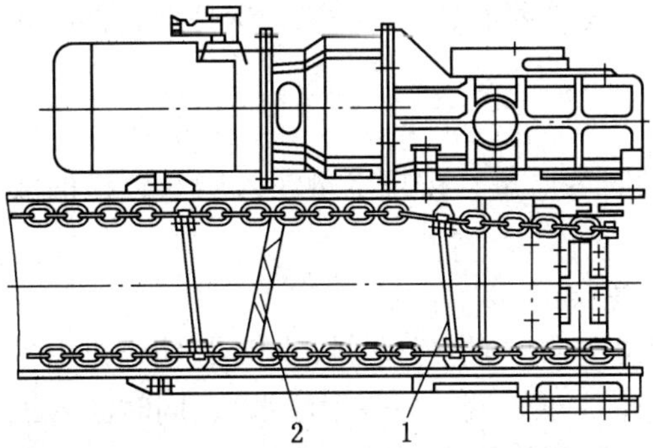

1—刮板；2—木棍

图 8－12 边双链链轮处掉链处理方法

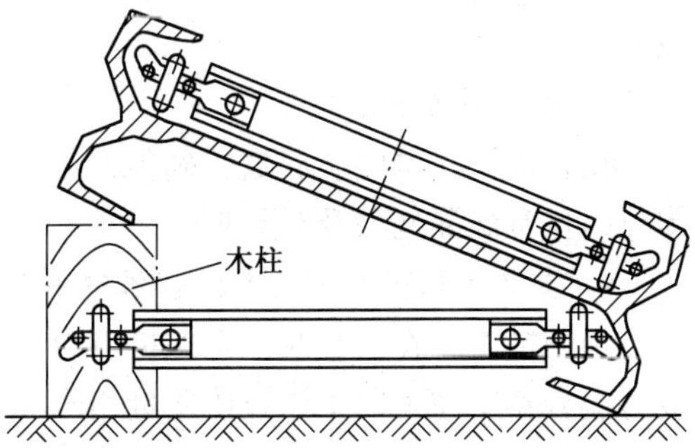

图 8－13 掉底链处理方法

（三）刮板输送机飘链

刮板链飘在煤上运行时叫飘链。产生飘链的主要原因是刮板输送机不平、刮板链太紧、缺刮板数量较多及刮板链下面堵塞矸石等。

预防刮板链飘的方法有保持刮板输送机平、直，使刮板链松紧适当，缺刮板的及时补齐，弯曲的刮板要及时更换等。

发生飘链时，应首先停止装煤，检查中间部分，将不平之处垫平，溜槽鼓起处用木柱撑平，如图 8－14 所示。

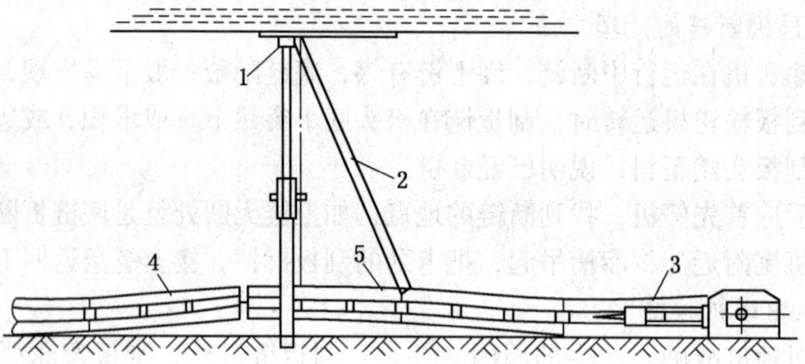

1—顶梁；2—木撑柱；3—机尾；4—上链运行方向；5—木撑柱下端移动方向

图 8－14　木柱撑平方法

（四）刮板输送机传动系统常见故障的预防

1. 保险销被切断

预防措施：启动刮板输送机前要将刮板链调节好，使其松紧程度适当；掏清机头、机尾处的浮煤；如有矸石、木棒或其他杂物要及时清理；装煤不宜太多；中部槽要搭接严密，如有坏槽要及时更换；保险销需要用低碳钢制造，不用其他材料代替并要勤检查，磨损超限要及时更换，保证销子与销轴的间隙不大于 1 mm。

2. 减速器过热、响声不正常

预防措施：安装检修时注意安装和装配质量；坚持定期检修制度，经常检查齿轮和轴承的磨损情况；注意各处螺栓是否松动，保持油量适当和油品不受污染，保持偶合器的间隙合适。

3. 液力偶合器滑差大

预防措施：调整装载量，确保刮板链及整机安装质量；按规定量注入质量合格的液体；一旦有滴漏现象及时处理。

4. 多电动机驱动时液力偶合器中一个温度过高

预防措施：在安装时注意保持液力偶合器倾角一致、不产生歪斜，同刮板输送机中各液力偶合器所注入的工作液体质量相同（不能一个注难燃液，另一个注水），同时注入工作液体的数量应相等。不应在同一输送机中采用不同型号的液力偶合器。

在生产实践中用“堵转法”或“测量电流法”调节液力偶合器的工作液量，同时注意清理杂物或处理被卡刮的刮板链。

（五）刮板输送机电气部分常见故障

1. 熔断器熔丝烧断

处理方法：首先切断电源，用瓦斯便携仪检查周围瓦斯不超过规定值时，打开隔爆启动器，用验电笔检验无电后放电，再换上合格的备用熔丝（片）。

2. 刮板输送机不能启动

处理方法：首先把启动器手把用力合上，一方面，可以让“停止”按钮弹回原位；另一方面，使线路接触器接触良好。用远方控制按钮也要检查“停止”按钮是否弹回原位。检查连锁控制线是否折断或松动。上述检查一切良好后，就应该检查是否断电还是熔断器熔丝（片）熔断。首先了解附近其他电气设备是否正常运转，如果也停止运转就是断电源，应通知采区变电所查明原因，如果附近设备运转正常，则是熔丝（片）熔断，必须更换熔丝（片）。合闸后，磁力启动器有响声，但线路接触器合不上，可能是电压低或磁力启动器安装不当，此时就需找出问题的具体原因，再根据事故原因分别处理。

3. 刮板输送机不能停止转动

处理方法：首先，按“停止”按钮，将磁力启动器中间手把打到中间分开位置，拧紧闭锁，打开磁力启动器大盖，用验电笔检验确实无电后，检查衔铁是否灵活，动触头是否刮碰消弧罩，如果卡住便要把消弧罩安正，将触头两旁锉平。若无上述问题，再检查小线是否断线或接错。当按磁力启动器“停止”按钮后输送机停止运转，一松手就启动时，原因是小线短路或接错，需要修好短路部分或改正小线。

4. 电动机过热或烧毁

处理方法：电动机过热后，应立即停机，临时取下保险销，使电动机空转，借风扇转动，使电动机自行冷却，然后再根据故障原因分别处理。

第五节 回柱与放顶

一、端头支架的支护

采煤工作面进风巷和回风巷连接处称为端头或出口，是采煤工作面十分重要的顶板控制地段，该连接处空顶面积大，在掘进过程中受一次压力重新分布的影响，同时巷道支护初撑力都很小，使顶板下沉，松动甚至破坏；工作面开采后又承受工作面超前支撑压力的作用，使两巷顶板大量下沉，甚至发生破碎、局部垮落；机头、机尾和其他设备体积较大，在移动设备时经常撤柱、支柱、反复支撑顶板，使顶板更加破碎，因而工作面上下端头出口容易发生冒顶事故，是事故多发地段，如果再有基本顶来压的影响，危险性就更大，所以对这一地段顶板控制得好坏直接影响工作面的正常生产，必须加强支护，进行特殊管理。

端头和出口加强支护方式主要有以下几种：

（1）单体支柱加铰接顶梁支护。为了在跨度大处固定顶梁铰接点，可采用双钩双楔梁，或将普通铰接顶梁反用，使楔钩朝上。

（2）用4～5对长梁加单体支柱组成的走向抬棚支架。用4～5对长钢梁（Π型梁）配合单体支柱组成走向抬棚，长钢梁必须成对使用，交叉迈步前进；单体支柱加铰接顶梁或双销梁支护的铰接梁为固定铰接点，可用双钩双楔或将普通铰接顶梁楔钩朝上反用，也可用十字铰接顶梁增加梁的整体性。

二、工作面复杂条件下特殊支架的回撤

1. 仰斜工作面回柱放顶

在仰斜工作面回柱时，支柱一般要倒向采空区（图8－15a），很容易被压埋，难以取出，一般用以下两种方法进行回柱。

一种方法是拴绳回柱。每回撤一根支柱，都要用绳拴在柱体上，由助手在安全地点拉绳，当回柱工使支柱卸载后，助手猛力拉绳，支柱倒向工作面（图8－15b）。这种办法比较麻烦并且由于助手只注意拉绳而忽视观察顶板，很容易发生两人动作不协调，使支柱倒向采空区。

另一种方法是用挡木回柱（图8－15c）。凡要回撤的支柱在采空区一侧的空隙处，穿一根废旧坑木或荆条捆，这样回柱时支柱就不会倒向工作面。

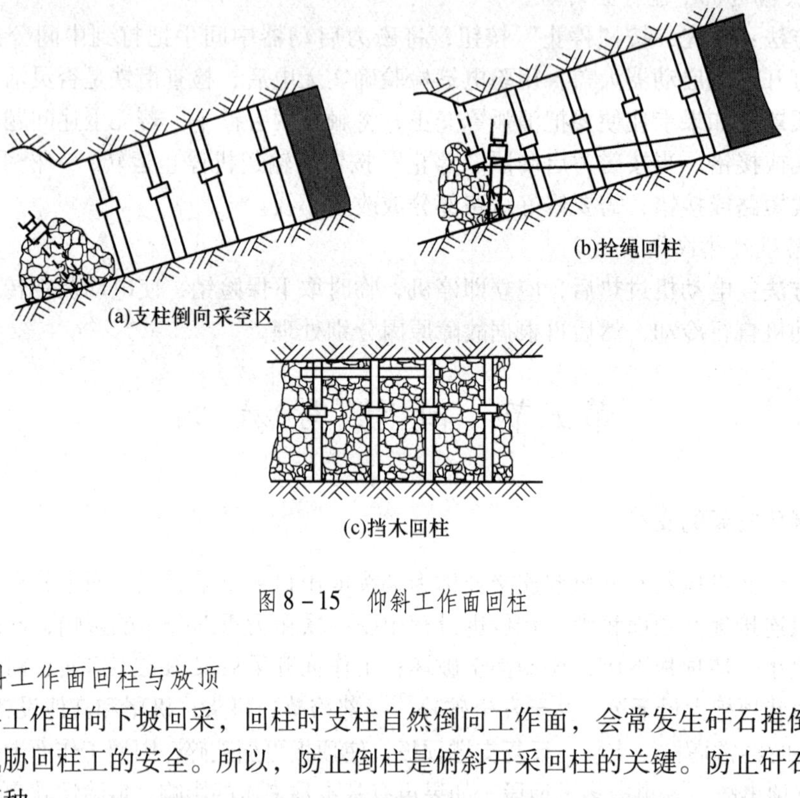

图8－15　仰斜工作面回柱

2. 俯斜工作面回柱与放顶

因俯斜工作面向下坡回采，回柱时支柱自然倒向工作面，会常发生矸石推倒支柱的现象，直接威胁回柱工的安全。所以，防止倒柱是俯斜开采回柱的关键。防止矸石推倒支柱的措施有两种。

（1）当采空区垮落矸石填满到活柱以上部位，回柱后再次垮落的矸石就容易冲击支柱的顶部，支柱向外倾倒。防治方法是采用戗棚法，用长坑木做梁，在新切顶支柱位置支设一排戗棚，如图8－16所示。

（2）如果采空区顶板垮落的矸石较低或支柱倾向采空区，当顶板再次垮落时矸石冲击支柱下部，使支柱倒向采空区的可能性较大。防止的方法是采用短木支撑法。用长坑木顺工作面紧靠新切顶支柱位置放好，再用短木一端顶在坑木上，另一端顶在基本柱的底端，用木楔打紧，就可以防止回柱时推倒新柱。

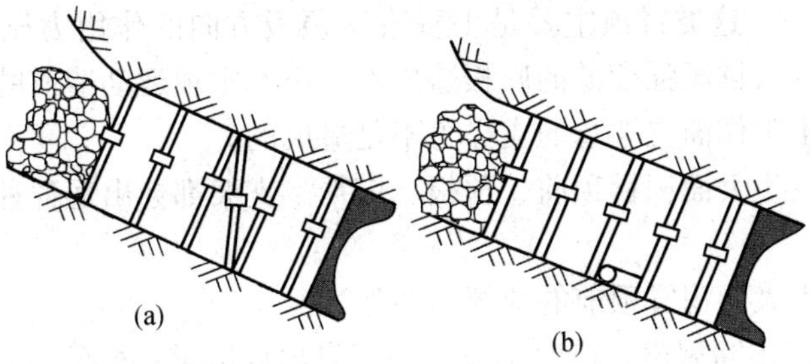

图 8-16 俯斜工作面回柱时防倒措施

3. 工作面过断层时回柱放顶

工作面过断层时顶板都比较破碎，回柱时一般情况下是随回随落，有时回一根柱落下的碎矸可能埋几根未回撤的支柱。一般的办法是用木支柱替换单体液压支柱，再回撤木支柱。在开始回柱前先将断层处每个顶梁下支一根木支柱，按先切顶支柱后支架的顺序回撤。当回撤 3 ~4 m 后，再回撤木支柱，将回撤的坑木继续支在前方的顶梁下，使木支柱与回柱间的距离保持 3 ~4 m。为防止漏矸，可用长短不一笆片或笆捆挡矸。

4. 回撤特种支架

特种支架有用坑木支设的，如木垛、抬棚等，还有金属支架、混凝土支架等。

木垛多数在原有棚梁下边支设，回撤时先拆木垛后回棚。这样在有棚支撑的顶板条件下拆木垛时一般不冒顶，木垛比较容易回撤。如果木垛直接接触顶板，回撤时应在木垛旁边先支设临时顶柱再回撤木垛。

回撤工作面上下安全出口处的抬棚、插梁棚等特种支架时，应先回撤插梁棚的立柱，再回插梁。在回撤抬棚前应支好临时支柱，再由内向外依次将抬棚梁下的支柱回撤，最后回收抬棚梁。

一些矿井在工作面两巷支护中，大量使用金属支架或个别巷道使用混凝土支架代替木支护，回收比较困难。如用绞车回收时，金属棚梁棚腿拉弯、混凝土棚拉坏不能复用，唯一的办法是超前用木棚或木梁金属支柱混合棚替换，随工作面推进回收替换棚。这样做尽管费工、费料，但却能有效减少金属棚或混凝土棚损失，提高复用率。

三、大面积冒顶事故的防治

大面积冒顶事故的特点是，冒顶范围大，伤亡人数较多（每次死亡 3 人以上），对生产的影响特别严重。它包括基本顶来压时的压垮型冒顶、厚层难冒顶板大面积冒顶、直接顶导致的压垮型冒顶、复合顶板推垮型冒顶、金属网下推垮型冒顶、大块游离顶板旋转推垮型冒顶、大面积漏垮型冒顶等。

（一）大面积冒顶发生的原因及预兆

大面积冒顶事故的发生是由于直接顶和基本顶大面积活动造成的。因此，在发生的时间和地点方面有明显的规律性，一般都发生在直接顶初次垮落或基本顶初次来压和周期来压的时刻。由直接顶大面积运动所造成的冒顶，就其作用力的始动方向可分为两类：

（1）推垮型冒顶。这类冒顶的特点是顶板运动发生时，在平行于煤层层面方向产生较大的推力，推倒失稳的支架造成冒顶事故。

（2）压垮型冒顶。这类冒顶主要是由垂直于顶板方向的作用力压断、压弯支撑力不足的支架或将支架压入抗压强度低的底板造成的。由基本顶运动造成的大面积冒顶，主要是压垮型冒顶，是由工作面支架总的支撑力不足造成的。

采煤工作面在发生大面积冒顶前，顶板、煤帮、支架都会出现各种明显预兆。

1. 顶板预兆

采煤工作面发生大面积冒顶前的顶板预兆如下：

（1）顶板连续发出断裂声，有时采空区顶板发出像闷雷一样的声音。

（2）在顶板突然来压和工作面总支撑力较低时，工作面顶板下沉量会突然增加，顶板沿煤帮方向会出现裂隙，甚至产生台阶下沉。

（3）顶板大面积来压时，在破碎顶板处连续掉渣，岩粉末下落，岩尘飞扬。完整顶板有顶煤时，煤和顶板离层脱落。在伪顶和人工假顶下，有大量的煤屑和碎矸石下落。

（4）当顶板比较坚硬时或直接顶初次放顶后，采空区的顶板有时存在较大面积不垮落的情况。当顶板来压时，留在采空区的信号柱被压弯折断，发出响声。

2. 煤帮预兆

大面积冒顶前，煤帮受压增加，往往使煤质变得松软，片帮煤增多。使用煤电钻打眼时，感到钻进省力。

（二）大面积冒顶的防治措施

1. 预防基本顶来压时发生压垮型冒顶的措施

（1）工作面支架应当有足够的支撑力,用来支撑工作面上方直接顶和基本顶岩层的重量。

（2）工作面支架应当有足够的初撑力，使直接顶和基本顶之间不离层。

（3）工作面支架应当有足够的可缩量，用来满足基本顶下沉的要求。

（4）遇到平行于工作面的断层时，当断层刚露出煤壁时，就应加强该段工作面支护并适当扩大该段工作面的控顶距。如果工作面用的是金属支柱，则要用木支柱替换单体液压支柱，待断层进入采空区后再用绞车回柱。

2. 预防厚层难冒顶板大面积冒顶的措施

（1）顶板高压注水。从工作面平巷向顶板打深孔，进行高压注水，注水泵的压力达15 MPa。顶板注水可起弱化顶板和扩大岩层中裂隙及弱面的作用。

（2）强制放顶。在工作面内向顶板放顶线处进行钻孔爆破放顶。不论是采取高压注水还是强制放顶，处理的顶板厚度均应为采高的 2 ~ 3 倍（包括直接顶在内），其目的是让处理下来的岩块基本上能填满采空区，从而保证安全生产。

3. 预防大面积漏垮型冒顶的措施

（1）工作面支架要有足够的支撑力和可缩量。

（2）在支护方式方面根据直接顶的稳定性重点解决好“护”顶问题。对于中等稳定的直接顶，支柱必须有顶梁。对于破碎的直接顶，梁上还必须背严背实，如果背顶材料强度不足，应尽量缩小柱距，但柱距不得小于 0.5 ~ 0.6 m；对于破碎的直接顶，为预防机道上方漏顶，端面距应小于 300 mm，甚至为零。

（3）在支护操作上还必须做到“四及时”，即落煤（或采煤机割煤）后及时挂梁、及时背顶、及时打柱、及时封堵，以便在漏顶发生前妥善控制住顶板，使其不变成薄弱环节。在发生局部漏顶后立即封堵，加强支护，控制局部漏顶的进一步扩大，在现场有时向漏顶空洞里塞进一捆背板或一只荆条筐，就有可能制止其蔓延。

（4）在爆破作业上尽量减小爆破对顶板的震动破坏。在工序安排上，回柱放顶、落煤（割煤）工序要相互错开一定距离（一般为 15 m）。如某矿 1193 工作面顶板破碎，采高 2.2 m，冒顶事故较多，后来取消了顶眼炮，腰眼距顶板 0.8 ~ 1.0 m，底眼眼距为 1.0 m，腰眼装药量为 1 节/眼，底眼装药量为 1.5 节/眼，同时规定一次同时爆破距离为 3 ~ 5 m，冒顶事故大大减少。

（5）防止爆破、移输送机等工序崩倒、顶倒支柱，发生局部漏顶。

4. 预防金属网下推垮型冒顶的措施

（1）提高支柱的初撑力增加支架的稳定性。

（2）防止发生高度超过 150 mm 的网兜。

（3）回采下分层时用内错式布置开切眼，避免金属网上碎矸之上存在空隙。

（4）采用伪俯斜工作面，增加抵抗下推的阻力。

（5）初次放顶时要确保把金属网下放到底板。

5. 预防大块游离顶板旋转推垮型冒顶的措施

（1）提高工作面支柱的初撑力和支架的稳定性，尤其是后排支柱的初撑力和支架的稳定性。

（2）加强现场地质工作，掌握大块孤立岩块的范围，在孤立岩块范围内加强支护，适当加大控顶距。如果工作面使用的是单体金属支架，则要用木支架替换金属支架，待孤立岩块全部都处在放顶线以外的采空区时，再用回柱绞车回柱。

（3）在切顶线应采用特殊支柱或切顶墩柱切顶。

（三）大面积冒顶的处理方法

缓倾斜薄及中厚煤层采煤工作面，大面积冒顶基本上有两种处理方法：一种是恢复工作面的方法；另一种是全部重掘开切眼或局部重掘开切眼的方法。

1. 恢复工作面处理冒顶的方法

恢复工作面处理冒顶的方法如下：

（1）从冒顶区的两头，由外向里，先用双腿套棚维护好顶板，保持后路畅通，棚梁上用板皮刹紧背严，防止顶板继续垮落；棚梁上如有空顶，要用小木垛插紧背实。

（2）边清理冒落矸石边支棚子，冒落矸石可顺便倒入采空区，每清理 0.5 m 支一架棚。若顶板压力大，可在冒顶区两头用木垛维护顶板。

（3）遇到大块矸石不易破碎时，可用煤电钻打眼爆破处理，具体做法应符合《煤矿安全规程》规定。

（4）如顶板冒落矸石很破碎，一次整修巷道不易通过时，可先沿煤帮输送机道整修一条小巷，支架用人字形掩护支架，如图 8－17a 所示。修通小巷恢复通风后，即可开动输送机，再从冒顶区两头向中间依次放矸支棚，梁上如有空顶，也要用小木垛插紧背实，具体如图 8－17b 所示。

2. 新掘开切眼绕过冒顶区的方法

冒顶影响范围较大，不宜采用恢复工作面的方法时可采用此法。根据冒顶区在工作面的位置不同，可分别采用中部冒顶重掘开切眼、机头冒顶重掘开切眼和机尾冒顶重掘开切眼方法，具体如图 8－18、图 8－19、图 8－20 所示。

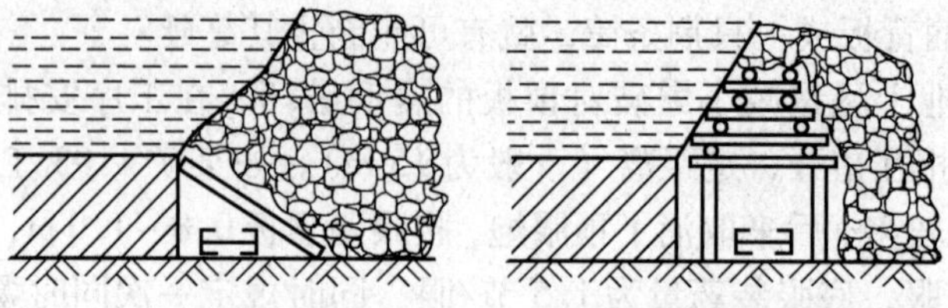

图 8－17　恢复工作面处理方法

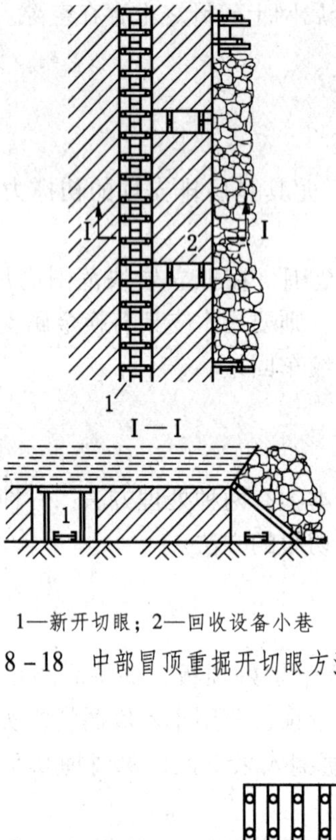

1—新开切眼；2—回收设备小巷

图 8－18　中部冒顶重掘开切眼方法

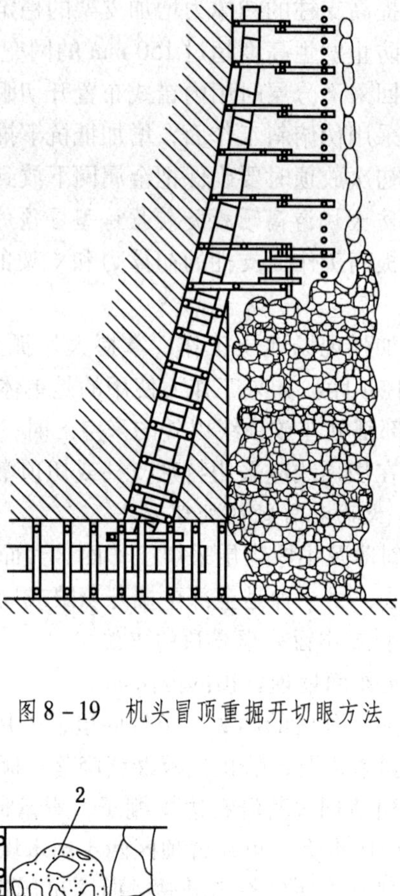

图 8－19　机头冒顶重掘开切眼方法

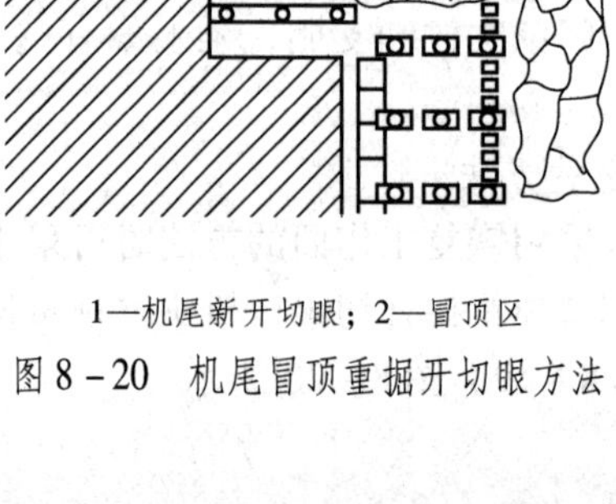

1—机尾新开切眼；2—冒顶区

图 8－20　机尾冒顶重掘开切眼方法

参 考 文 献

[1] 煤炭工业部．煤矿工人技术操作规程（采煤）［M］．北京：煤炭工业出版社，1996.

[2] 侯三成，李增光．采煤工［M］．北京：煤炭工业出版社，2004.

[3] 煤炭工业职业技能鉴定指导中心．爆破工（初级、中级、高级）［M］．北京：煤炭工业出版社，2005.

[4] 煤炭工业职业技能鉴定指导中心．采煤工（技师、高级技师）［M］．北京：煤炭工业出版社，2008.

[5] 陶向阳，张厚才．采煤工［M］．徐州：中国矿业大学出版社，2007.

[6] 煤矿安全基础管理丛书编委会．煤矿班组安全基础管理［M］．徐州：中国矿业大学出版社，2007.

[7] 国家煤矿安全监察局人事培训司．采煤工［M］．徐州：中国矿业大学出版社，2002.

[8] 兖矿集团．普采采煤工［M］．徐州：中国矿业大学出版社，2007.

[9] 煤炭工业职业技能鉴定指导中心．矿井维修电工（初级、中级、高级）［M］．北京：煤炭工业出版社，2006.

[10] 钟成，等．输送机司机［M］．北京：煤炭工业出版社，2004.

[11] 煤炭工业职业技能鉴定指导中心．巷道掘砌工（初级、中级、高级）［M］．北京：应急管理出版社，2024.